可修退化系统的可靠性研究

赵志欣　郭丽娜　著

科学出版社

北　京

内 容 简 介

可修退化系统是可靠性理论中一类重要的系统. 本书从泛函分析的角度出发研究了可修退化系统，讨论了可修退化系统解存在唯一性、系统算子谱分布、系统渐近稳定性和指数稳定性，进一步从本征向量的角度给出了系统稳态指标的计算方法，并分析了各种因素对系统稳态指标的影响.

本书可作为从事可靠性数学理论研究人员的参考用书，也可作为具有泛函分析、偏微分方程基础的研究生的教材，还可作为泛函分析算子半群理论研究者研究交流的工具.

图书在版编目(CIP)数据

可修退化系统的可靠性研究/赵志欣，郭丽娜著. —北京：科学出版社，2022.9

ISBN 978-7-03-060328-9

Ⅰ. ①可… Ⅱ. ①赵… ②郭… Ⅲ. ①系统可靠性-研究 Ⅳ. ①N945.17

中国版本图书馆 CIP 数据核字（2018）第 298799 号

责任编辑：袁星星 戴 薇 / 责任校对：马英菊
责任印制：吕春珉 / 封面设计：东方人华平面设计部

科学出版社 出版
北京东黄城根北街 16 号
邮政编码：100717
http://www.sciencep.com

北京九州迅驰传媒文化有限公司 印刷

科学出版社发行 各地新华书店经销

*

2022 年 9 月第 一 版 开本：787×1092 1/16
2023 年 12 月第二次印刷 印张：6 1/4
字数：147 000

定价：60.00 元

（如有印装质量问题，我社负责调换〈九州迅驰〉）
销售部电话 010-62136230 编辑部电话 010-62135793-2047

前　　言

PREFACE

可修退化系统是可靠性数学的主要研究对象之一. 以往的可修复系统，在设备部件出现故障后，能够通过各种维修手段对故障部件进行修理，修理后的部件能够恢复其功能，同时对修复的部件假设会“修复如新”. 但是在实际中设备的一般情况是：维修后的工作时间会随机递减，故障后设备再发生故障的修理时间会随机递增. 所以系统“修复非新”更切合实际. 系统部件“修复如新”的假设适合较为简单的单部件可修复系统. 对这类“修复非新”的可修复系统，一般称为可修退化系统. 相较而言，对于此类可修退化系统的可靠性研究更具有实际意义. 对可修退化系统进行描述时，如果构成系统各部件的寿命分布、故障后的修理时间分布，以及其他出现的有关分布均为指数分布时，只要适当定义系统的状态，则系统总可以用马尔科夫过程来描述. 当分布不是指数分布时，一般采用补充变量法建立广义马尔科夫型可修退化系统模型.

本书主要研究利用补充变量法建立的非马尔科夫型可修退化系统的适定性和渐近性质，这是系统可靠性非常重要的指标. 通过可靠性数学和泛函分析的理论来研究此可修复系统，避免了传统拉普拉斯变换方法的某些不足. 首先，在一系列的假设条件下建立系统的模型，利用补充变量法得到一组描绘系统运行的具有边界条件的微分-积分方程；其次，根据系统分析的需要，将系统模型转换为卷积型沃尔特拉积分方程及巴拿赫空间上的柯西问题；最后，利用半群理论解决系统的适定性和稳定性问题.

全书共分 6 章. 第 1 章简单介绍可靠性理论的发展概况、实际意义和国内外相关研究现状，以及可靠性的基本概念. 第 2 章介绍 C_0 半群的基本概念、基本性质及其生成定理，以及抽象柯西问题的相关理论. 第 3 章介绍可修复系统模型的理论基础，分析了一个马尔科夫型可修复系统模型. 第 4 章利用沃尔特拉积分方程理论和 C_0 半群理论，讨论可修退化系统非负解的存在性和唯一性. 第 5 章通过分析系统算子及其对偶算子的谱分布，得到系统是渐近稳定的，并进一步得到系统算子生成半群的拟紧性，证明系统是指数稳定的. 第 6 章对可修退化系统可靠性的相关指标进行研究，利用计算机软件对各项稳态指标进行数值模拟.

本书的有关工作得到了国家自然科学基金（“一类可修复系统的可靠性研究”，项目批准号：11601040）、吉林省教育厅科学技术项目（项目编号：JJKH20170649KJ）和长春师范大学学术著作出版基金的资助，在此表示诚挚的感谢.

由于作者水平有限，书中疏漏之处在所难免，恳请各位专家、读者批评指正.

目　录

CONTENTS

第 1 章　可靠性研究发展概述 ……… 1

1.1　可靠性研究的起源及发展 ……… 1

1.2　可靠性的基本概念 ……… 5

1.3　可靠性研究的重要意义 ……… 9

小结 ……… 10

第 2 章　算子半群理论 ……… 11

2.1　C_0 半群理论 ……… 11

2.2　抽象柯西问题 ……… 19

小结 ……… 20

第 3 章　可修复系统模型基础 ……… 21

3.1　马尔科夫过程 ……… 21

3.1.1　马尔科夫链 ……… 21

3.1.2　时齐马尔科夫过程 ……… 23

3.1.3　更新过程 ……… 26

3.1.4　马尔科夫更新过程 ……… 27

3.2　补充变量法 ……… 28

3.3　马尔科夫型可修复系统 ……… 28

小结 ……… 39

第 4 章　可修退化系统的适定性 ……… 40

4.1　系统模型及状态空间 ……… 40

4.2　系统解的存在唯一性 ……… 45

4.3　系统的适定性 ……… 49

小结 ……… 55

第 5 章　可修退化系统的解的稳定性分析 ……… 56

5.1　系统算子的性质 ……… 56

5.2　系统的渐近稳定性 ……… 65

5.3　系统的指数稳定性 ……… 70

小结 ……… 75

第 6 章　可修退化系统的可靠性分析 ······ 76

6.1　系统的可靠性指标 ······ 76

6.2　数值模拟 ······ 79

小结 ······ 88

参考文献 ······ 89

第 1 章　可靠性研究发展概述

一般来说，可靠性是指“产品在规定的时间，在规定的使用条件下完成规定功能的能力或性质”[1]. 产品的可靠性虽然是客观存在的，但只有当现代科学发展到一定水平时，才会凸显出产品可靠性的重要. 可靠性不仅会影响产品的性能，甚至会影响一个国家的经济和生产安全，当前在社会需求的有力推动下，可靠性理论从概率统计、系统工程、质量管理、生产管理等学科中脱颖而出，成为一门新的学科.

1.1 可靠性研究的起源及发展

可靠性研究始于第二次世界大战期间. 在第二次世界大战以前生产的武器，除通信系统外，其他电子装置都比较简单，并且使用范围和规模也存在一定局限. 在第二次世界大战期间，军队开始大量使用带有复杂电子装置的武器，因此，开发和生产了许多带有电子管和电路的装置. 但这些新开发的装置往往存在缺陷，导致武器在使用时会发生各种故障. 根据美国国防部在战争中和战后的调查显示，战争期间运往远东地区飞机上的电子装置有 60%在到达时就已经出现故障，备品中的 50%以上也无法正常使用. 此外，空军轰炸时使用的电子装置很少能够 20h 无故障工作.

1939 年，英国航空委员会在《适航性统计学注释》中首次提出了飞机故障率不应超过 0.00001 次/h. 这相当于 1h 内飞机的可靠度 $R_s = 0.99999$ [2]. 这是最早的可靠性的概念，也是最早的飞机安全性和可靠性指标. 同一时期德国开发了 V-II 火箭. 这是一种对盟军威胁极大的具有划时代意义的长距离弹道火箭，也是现在导弹和宇宙航行器的前身. 在 V-II 火箭的研制中，研究人员提出了一个由 N 个部件组成的系统，系统的可靠度等于 N 个部件可靠度的乘积. 这也是现在常用的串联可靠性模型. 第二次世界大战后期，德国火箭专家 Lussen 将 V-II 火箭诱导装置作为串联装置并计算出其可靠度为 75%，完成了定量计算复杂系统的可靠度问题[3].

20 世纪 50 年代初可靠性研究在美国兴起. 当时各种电子设备在美军的广泛使用极大地提高了军队的战斗力，但也使美军陷入了以下困境：美国海军装备中的电子设备有 70%是失效的，一个正在使用的电子管往往需要有九个新的电子管作为备件；24%的无线电设备有故障，雷达电子设备的故障率高达 84%；美国空军每年投入的设备维修费为设备购置费的两倍，约 1/3 的地勤人员在维修电子设备[4].

为了摆脱上述困境，美国设立了电子装置可靠性调查委员会. 委员会由海、陆、空三军的相关人员和民间专家组成. 在此期间军事当局也统一了意见，即在武器供应及使用时把可靠性作为最优先的目标来考虑，同时进一步将该委员会升级为美国电子装置可靠性咨询委员会（American Group Reliability of Electronic Equipment，AGREE），并对从设计、试验、生产到交付、储存和使用的全面可靠性研究展开了发展计划.

可靠性研究也不再是单纯的军事问题，更发展为一个政治问题. 其直接原因是美军在朝鲜战场的喷气式战斗机失事很多，并不断有消息指出失事的原因是飞机所用电子装置（通信装置、导航仪器等）存在问题. 这引起了美国国会中小企业委员会的重视，该委员会以“在战争中购入有重大故障的武器是对税金的巨大浪费，世界大战都已经过去了五年，为什么还在重复同样的失败”为题向政府质询. 为此美国电子装置可靠性咨询委员会不得不很快做出应对措施，设置了九个专业分会，聘用了除军内人员以外的几十名学者和技术人员，并发布了《军用电子设备可靠性报告》[5]. 该报告从九个方面阐述了可靠性设计、试验及管理程序与方法，确定了可靠性研究的发展方向，成为可靠性研究发展的奠基性文件，这标志着可靠性研究已成为一门独立的学科. 此后美国又制定了一系列有关的可靠性军用标准，确立了可靠性设计、试验和存放等程序，并建立了失效数据收集及处理系统.

此后，可靠性研究以美国为先行并带动其他工业国家，这个时期可靠性研究得到了全面、迅速的发展. 美国国防部及国家航空航天局接受了美国电子装置可靠性咨询委员会提交的一整套可靠性设计、试验及管理方法. 该方法在新研制的装备中得到广泛应用并迅速发展，逐渐形成了一套较完善的可靠性设计、试验和管理标准. 这一时期其他发达国家也陆续展开了关于可靠性的研究，英国成立可靠性与质量全国委员会，法国成立了可靠性中心，日本成立了可靠性及质量控制专门小组.

此后各国以预防为主的维修思想逐渐转变为以可靠性为中心的维修思想. 英国航天局制定了以可靠性为中心的维修大纲. 美国成立了三军软件可靠性急速协调组负责国防范围内的软件可靠性研究及协调工作. 软件可靠性已经成为可靠性研究中的一个重要分支. 这个时期，可靠性研究不仅在科技处于领先地位的发达国家得以纵深发展，而且在发展中国家也展开了研究. 例如，印度和以色列成立了全国可靠性学术组织，并在航空、航天及电子工业部门设有专门的可靠性机构和实验室. 两国都是从欧美引进可靠性技术并结合各自国情采用适合的设计、试验、预计和分析方法来解决产品的可靠性问题.

我国的可靠性研究工作始于20世纪50年代在广州建立的亚热带环境适应性试验基地开展的相关项目. 该基地专门从事电子产品环境试验和热带防护措施研究. 之后又在雷达、通信、电子计算机等方面提出了可靠性问题，并着手采取相应措施. 但可靠性问题直到20世纪70年代才真正受到重视. 由于国家重点工程的需要，特别是航天及中日海底电缆对高可靠性元器件的需要，我国研发了电子元器件“七专”产品，并开展了元器件验证试验，这些研究性工作促进了我国可靠性研究的发展. 中国人民解放军国防科学技术委员会及第四机械工业部曾连续召开可靠性工作会议，提出重点研究解决国家重点工程元器件的可靠性问题. 国家计划委员会、电子工业部及广播电视工业总局也陆续召开了有关提高电视机质量的工作会议，对电视机等产品明确提出了可靠性、安全性要求，并组织全国整机及元器件生产厂家开展大规模的以可靠性为重心的全面质量管理.

在五年时间内使电视机平均故障间隔时间提高了一个数量级，MTBF 由 300h 提高到 3000h，配套元器件使用可靠性也提高了 1～2 个数量级.

另外，与可靠性有关的数学基础理论很早就发展起来了. 可靠性主要的理论基础——概率论早在 17 世纪初就已逐步确立；另一主要的基础理论——数理统计在 20 世纪 30 年代初期也得到了迅速发展. 可靠性数学作为数学与工程实践的结合，最早被研究的领域之一是机器维修问题[6]，另一个重要的研究领域是将更新理论应用于更换问题[7-8]. 在这一时期，Weibull、Gumbel 和 Epstein 等相继研究了材料的疲劳寿命问题和有关的极值理论[9-11]，这也被认为是可靠性数学的开创性工作之一.

Cox 引入了补充变量法解决排队论中某些非马尔科夫过程问题[12]，在理论上深入研究了寿命服从非指数分布系统的性质. Gaver 首次将补充变量方法引入可靠性理论，以解决维修分布服从一般分布的可修复系统的可靠性问题[13]. Chung、Dhillon、Gupta 等人运用补充变量和概率分析的方法建立了冷储备系统、热储备系统、人-机系统等可修复系统的数学模型[14-40]. 这类系统的运行过程可用一组微分-积分方程来描述，主要分为带积分边界条件和不带积分边界条件两类. 通常用拉普拉斯变换或拉普拉斯-斯蒂尔杰斯变换得到系统的稳态可用度等可靠性数量指标. 这种方法得到广泛应用并且已经取得了丰富的成果[41-55]. 但这种方法也存在着某些不足，例如，对一些较为复杂的可修复系统的瞬态可靠性数量指标，通过这种方法往往不易求得. 大多数问题只能求出其相应的拉普拉斯变换或拉普拉斯-斯蒂尔杰斯变换，它们一般不容易反演出来，所以也无法进一步对系统解的存在性、唯一性和稳定性进行深入的理论研究.

与此同时，随着维修理论的发展，系统维修时若采取不同的维修方式将会对系统的可靠性评价产生不同程度的影响，并且对系统在以后的使用过程中的故障发生规律产生一定的影响. 实际情形中系统出现故障后也未必都会“修复如新”，大多数系统会产生劣化. 对此，Ascher 提出使用“修复如旧”的概念来评价可修复系统的可靠性[56]. Barlow 和 Hunter 研究了对故障系统进行小修. 所谓小修，是指当部件发生故障时，仅对故障部件进行应急处理使其恢复工作，但是维修后的部件寿命不变[57]. 对于更复杂的情况，Brown 和 Proschan 考虑了以概率 p 表示“修复如新”，以概率 $1-p$ 表示小修的情况，即不完美维修[58]. 同样，Dhillon 也提出了针对两种不同维修成本的维修设施的小修和维修[24].

随着时间的进程，大多数可修复系统随着修理次数的不断增加，系统的性能越来越差，相应的工作时间越来越短，相继的修理时间越来越长. 对于这种情形可以用一个单调过程进行描述. Lam 引入几何过程描述这种可修复系统的故障过程和修理过程[59-60]，并进一步采用参数和非参数方法及几何过程拟合实际数据，比较了用几何过程与用泊松过程及两个非齐次泊松过程的差异[61-64]. 这一方法得到了广泛应用，在单部件系统模型、多部件系统模型、冲击模型、排队模型和具有修理工的模型上都进行了研究并取得了丰富的成果. Lam 将几何过程应用到单部件可修复系统，采用替换策略 N 和 T（其中 N 为故障次数，T 为系统工作时间），分析得出了系统的最优替换策略，并讨论了最优策略 N^* 的唯一性和单调性等[65-66]. Stadje 和 Zuckerman 与 Lam 说明了对于一般随机退化系统，在一定条件下，最优替换策略 N^* 至少和最优替换策略 T^* 一样好[67-70]. 基于几何过程，Standley 研究了退化系统中的单部件系统的最优策略，假设部件受到的冲击程度也形成了几何过程，冲击积累到一定程度系统就会发生故障，采用替换策略 N，求出了系统的最优替换策略[71]. Lam 和 Zhang 研究了冲击只是减少系统工作时间并不会导致系统故障的最优替换问题[72]. Chen 和 Li 研究了一种极端值冲击模型，采用策略 N，给出了系统长时间运行时单位时间的平均费用[73]. 考虑到系统可能具有多个状态，Zhang 等还考虑了一个具有 k+1 个状态（k 个故障状态，1 个工作状态）的退化系统，采用替换策略 N，说明此模型包括几何过程可以作为特例[74]. Lam 等又进一步证明此模型与两个状态的几何过程模型是等价的，因为这两个模型具有相同的费用结构，从而有相同的最优替换策略[75]. 对于采用不同的替换策略，唐亚勇和刘亚平[76]与 Zhang[77]利用不同的替换策略分别讨论了三个状态的退化系统. 考虑到修理工空闲时可能会进行休假，贾积身等引入了休假机制，分别讨论了带有单重休假和多重休假的可修复系统，以及相应系统的最优替换策略[78-81]. 通过 Lam 等的研究工作，我们可以看出基于几何过程的退化系统模型是可靠性领域中新发展起来的一个具有实际意义的可修模型. 利用几何过程研究退化系统是一个很具有吸引力的研究方向.更多几何过程理论可参见文献[82]～[95].

研究可修复系统的另一重要工具是算子半群理论. 通过泛函分析算子半群理论可以有效地对利用补充变量法建立的广义马尔科夫型可修复系统的适定性和稳定性进行研究. 于景元等利用 C_0 理论研究了人口分布参数系统[96]. Gupur 等首次将 C_0 半群理论应用于 M/M/1 排队系统，并解决了此类系统解的存在性、唯一性、渐进稳定等相关问题[97]. 高德智[98]和 Xu 等[99-100]在 Gupur 的方法的基础上对串、并联可修复系统的适定性和其渐近行为进行了研究. Haji 利用半群的边界扰动方法研究了具有初级和次级故障的可修复系统的适定性和稳定性[101]. 胡薇薇[102]在假设修复率均值存在的情况下，以不带积分边界具有热储备的并行可修复系统和带积分边界的由一个可靠机器、一个不可靠机器及一个缓冲库构成的计算机集成系统为例，证明了系统的指数稳定性[103]. 随后，Gao 等利用上述方法对一种新型串联可修复系统的适定性和稳定性进行了分析，并指出了在某些情形下牢固可靠度不是系统的稳态可靠度[104]. 与此同时，辛玉红[105]和 Wang 等[106-108]利用数值模拟的方法，得到了此类系统动态解的仿真图形. 高研南和王辉则又通过选取适当阶梯函数对此类可修复系统进行了半离散化[109].

综上，可修复系统的可靠性在理论和应用上均取得了一定成果. 研究的关键内容集中在可修复系统的可靠性指标及其最优策略和可修复系统的稳定性分析等方面. 但这些研究往往只针对“修复如新”的可修复系统的适定性和稳定性进行分析，或者是只寻求系统的相关可靠性指标，而对更符合实际情况的基于几何过程的可修复系统的适定性和稳定性较少研究，并且一般对可靠性指标的研究只运用拉普拉斯变换这一种方法. 本书将以一个可修退化系统为研究对象，对其进行定性研究，并从特征向量的角度求出系统的可靠性指标. 这里的定性指的是系统的适定性、渐近稳定性和指数稳定性.

1.2 可靠性的基本概念

可靠性是指产品在规定的条件下和规定的时间内完成规定功能的能力，可靠性的概率度量称为可靠度. 这里所说的产品是一种通用术语，它可以是系统、设备、组件或元器件. 规定的条件指的是产品在其寿命周期内所处的预先规定的全部条件，一般有外部条件和维修条件等. 外部条件包括环境、使用、维修等. 环境条件包括气候、地形等地球表面存在的各种因素. 气候因素包括温度、湿度、大气压、盐雾、尘雾、风、雨、太阳辐射等. 地形因素包括地形轮廓、土壤、植物、昆虫、微生物等. 外部条件各因素的强度是在某个范围内随机变化的，并且各种因素的不同状态互相交织在一起作用于产品. 产品能承受的外部条件是预先规定的，而不是任意的. 维修条件包括维修方式、维修人员状况、维修设备和工具等. 规定的时间是指产品完成规定功能的时间，可以用时间单位表示. 规定功能是指产品的性能技术指标，一个产品往往具有若干项功能. 这里所说的“完成规定功能的能力”，是指产品若干功能的全体而不是其中的一部分. 对功能的描述有些场合能用定量的方式，有些场合只能用定性的方式. 下面给出一些与可靠性相关的常用指标.

1. *产品寿命*

通常用一个非负随机变量 X 来描述产品的寿命，X 相应的分布函数为

$$F(t)=P\{X\leqslant t\},t\geqslant 0 \tag{1-1}$$

那么，产品在时刻 t 以前都正常（不失效）的概率，即产品在时刻 t 的生存概率为

$$R(t)=P\{X>t\}=1-F(t)=\bar{F}(t) \tag{1-2}$$

称 $R(t)$ 为该产品的可靠度函数或可靠度. 由式（1-2）可知，$R(t)$ 是产品在时间 $[0,t]$ 内不失效的概率. 因此，可靠度也可以定义为产品在规定的条件下，在规定的时间内，完成规定功能的概率. 对于一个给定的产品，规定的条件和规定的功能确定了产品寿命 X 这个随机变量，规定的时间就是式（1-1）中的时间 $[0,t]$. 式（1-2）是可靠度定义的数学表达形式. 产品的平均寿命（mean time to failure，MTTF）为

$$EX=\int_0^{\infty} t\mathrm{d}F(t) \tag{1-3}$$

平均寿命可进一步写为

$$EX=\int_0^{\infty}\bar{F}(t)\mathrm{d}t=\int_0^{\infty}R(t)\mathrm{d}t \tag{1-4}$$

这是因为

$$\begin{aligned}EX&=\int_0^{\infty}\mathrm{d}F(t)=\int_0^{\infty}\int_0^{t}\mathrm{d}u\mathrm{d}F(t)\\&=\int_0^{\infty}\int_u^{\infty}\mathrm{d}F(t)\mathrm{d}u=\int_0^{\infty}[1-F(u)]\mathrm{d}u\end{aligned}$$

在假定产品工作到时刻 t 仍然正常的条件下，用 $F_t(x)$ 表示产品的剩余寿命分布，于是有

$$F_t(x)=P\{X-t\leqslant x\mid X>t\}=\begin{cases}\dfrac{F(x+t)-F(t)}{1-F(t)}, & x\geqslant 0\\ 0, & x<0\end{cases}$$

或

$$\bar{F}_t(x)=\frac{\bar{F}(x+t)}{\bar{F}(t)}, x\geqslant 0$$

易于验证，对固定的$t\geqslant 0$，$F_t(x)$是关于x的一个通常的分布函数. 由式（1-4）得产品的平均剩余寿命为

$$\begin{aligned}m(t)&=E\{X-t\mid X>t\}=\int_0^\infty x\mathrm{d}F_t(x)=\int_0^\infty \bar{F}_t(x)\,\mathrm{d}x\\&=\int_0^\infty\frac{\bar{F}(t+x)}{\bar{F}(t)}\mathrm{d}x=\int_t^\infty\frac{\bar{F}(x)}{\bar{F}(t)}\mathrm{d}x\\&=\frac{1}{\bar{F}(t)}\left\{\mu-\int_0^t\bar{F}(x)\mathrm{d}x\right\}\end{aligned}$$

其中，$\mu=EX$为产品的平均寿命.

2. 产品故障

不可修产品的主要可靠性数量指标是可靠度及平均寿命（MTTF）. 假定时刻$t=0$产品开始正常工作，若X是它的寿命，则产品运行随时间的进程如图1-1所示. 由于没有修理的因素，产品一旦失效便永远停留在失效状态. 此时，可靠度公式（1-2）及平均寿命公式（1-3）描述了不可修产品的可靠性特征.

图1-1 不可修产品

对于可修产品，由于修理的因素，产品故障后可以予以修复. 此时产品的运行随时间的进程是正常与故障交替的，如图1-2所示. 其中，X_i和Y_i分别表示第i个周期的开工时间和停工时间（$i=1,2,\cdots$）. 在开工时间内产品处于正常状态，在停工时间内产品处于故障状态. 一般$X_1,X_2,\cdots$或$Y_1,Y_2,\cdots$不一定是同分布的.

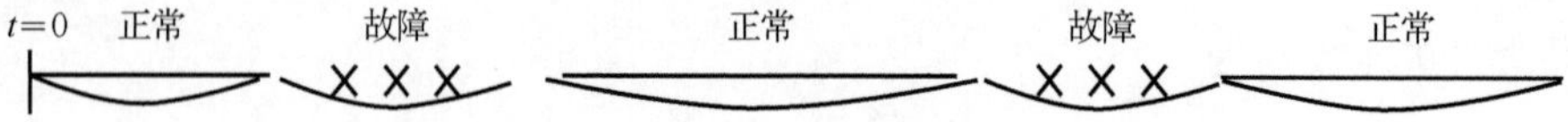

图1-2 可修产品

故障是指在规定的条件下，产品丧失规定功能的现象. 一般对可修产品使用"故障"，对不可修产品使用"失效". 在可靠性研究中，故障必须有明确的定义，要制定出丧失规定功能的标准.

由于产品故障机理的不同，产品的失效率随时间的变化大致可以分为以下三个时期.

1）早期故障期. 在产品投入使用的初期，产品的失效率较高，且存在迅速下降的特征. 这一时期产品的故障主要是由设计和制造中的缺陷造成的（如设计不当、材料缺陷、

加工缺陷、安装调整不当等），产品投入使用后很容易暴露出来. 可以通过加强产品的质量管理及采用老化筛选等办法降低早期失效率.

2）偶然故障期. 产品在使用一段时间后，产品的失效率可降到一个较低的水平且基本处于平稳状态，可以近似认为失效率为常数. 这一时期产品的故障主要由偶然因素引起. 偶然故障期是产品的主要工作时期.

3）损耗故障期. 产品在投入使用相当长的时间之后，便进入产品的损耗故障期，其特点是产品的失效率迅速上升，很快大批量产品出现故障或报废. 这一时期产品的故障主要是由老化、疲劳、磨损、腐蚀等损耗性因素引起的. 采取定时维修、更换等预防性维修措施，可以降低产品的失效率，以减少由于产品故障所带来的损失.

另外，并非所有产品的失效率曲线都可以分出明显的三个时期. 高质量等级的电子元器件失效率曲线在其寿命期内基本是一条平稳的直线，质量低劣的产品可能会发生大量的早期故障或很快进入损耗故障期.

大多数产品的失效率随时间的变化曲线（图 1-3）形似浴盆，称为浴盆曲线.

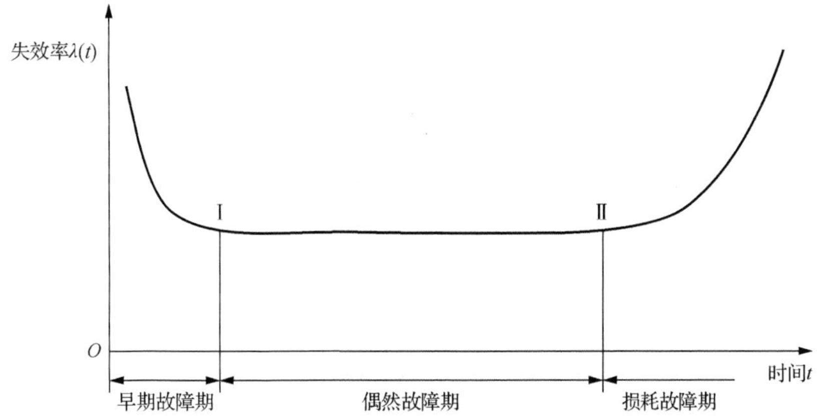

图 1-3　产品的失效率随时间的变化曲线

3. 失效率

失效率 $\lambda(t)$ 表示产品工作到时刻 t 仍然正常，在时刻 t 后单位时间内发生失效的概率. 为了方便起见，这里只对连续型随机变量和离散型随机变量定义失效率函数.

设产品的寿命为非负连续型随机变量 X，其分布函数为 $G(t)$，密度函数为 $g(t)$. 定义

$$\lambda(t)=\frac{g(t)}{\bar{G}(t)}, \quad t\in\{t:G(t)<1\} \tag{1-5}$$

为随机变量 X 的失效率.

$\lambda(t)$ 有如下的概率解释. 若产品工作到时刻 t 仍正常，则它在 $(t,t+\Delta t]$ 时间内失效的概率为

$$P\{X\leqslant t+\Delta t \mid X>t\}=\frac{G(t+\Delta t)-G(t)}{1-G(t)}\sim\frac{g(t)\Delta t}{G(t)}=\lambda(t)\Delta t$$

因此，当 Δt 很小时，$\lambda(t)\Delta t$ 表示该产品在时刻 t 以前正常的工作条件下，在 $(t,t+\Delta t]$ 时间内失效的概率. $\lambda(t)$ 还有一个概率解释. 让一批 N 个不同型号产品同时独立地工作，记 $n(t)$ 为产品在 $(0,t]$ 时间内的失效个数，显然它是一个非负整数值随机变量. 先令 $N\to\infty$，再令 $\Delta t\to 0$，有

$$\frac{n(t+\Delta t)-n(t)}{N-n(t)}\cdot\frac{1}{\Delta t}\to r(t)$$

这是由于

$$\frac{n(t)}{N}\to G(t)\quad(N\to\infty)$$

因此，当 $N\to\infty$，有

$$\frac{n(t+\Delta t)-n(t)}{N-n(t)}\cdot\frac{1}{\Delta t}=\frac{\dfrac{n(t+\Delta t)}{N}-\dfrac{n(t)}{N}}{1-\dfrac{n(t)}{N}}\cdot\frac{1}{\Delta t}\to\frac{G(t+\Delta t)-G(t)}{1-G(t)}\cdot\frac{1}{\Delta t}$$

当 $\Delta t\to 0$，上式右端又趋于 $r(t)$.

典型的失效率函数如图 1-3 所示. 在 I 以前 $\lambda(t)$ 呈下降趋势，这是早期故障期. 在 I 和 II 之间，$\lambda(t)$ 基本保持常数，这是偶然故障期，这段时间是产品的最佳工作阶段. 在 II 之后，$\lambda(t)$ 又有上升趋势，这是损耗故障期.

根据式（1-5），有

$$\lambda(t)=-\frac{\mathrm{d}}{\mathrm{d}t}\ln\bar{F}(t)$$

解得

$$\bar{F}(t)=C\mathrm{e}^{-\int_0^t\lambda(u)\mathrm{d}u}$$

如果 $F(0)=0$，则 $C=1$，得到

$$\bar{F}(t)=\mathrm{e}^{-\int_0^t\lambda(u)\mathrm{d}u}\tag{1-6}$$

因此当密度函数存在，且 $F(0)=0$ 时，$\lambda(t)$ 和 $F(t)$ 由式（1-5）和式（1-6）互相唯一确定.

在许多失效现象的研究中，产品的寿命是离散型的，周期性地检查产品性能可以发现失效的情形. 此时产品的寿命可以认为是周期长度的非负整数倍，因此寿命是离散型的随机变量. 对此同样可研究失效率函数.

设产品的寿命 X 遵从概率分布

$$p_i=P\{X=i\}\quad(i=0,1,2,\cdots)$$

此时失效率函数定义为

$$\lambda(i)=P\{X=i\mid X\geqslant i\}=\frac{p_i}{q_i}\quad(i=0,1,2,\cdots)$$

式中，$q_i=\sum_{m=i}^{\infty}p_m$ 有定义，显然 $\lambda(i)\leqslant 1$.

1.3 可靠性研究的重要意义

可靠性问题之所以受到重视，是因为产品的可靠性不仅影响产品的性能，甚至可以影响一个国家的国计民生和社会的安全与稳定. 可靠性研究主要以产品的寿命特征为研究对象，作为一个重要的研究领域其正受到越来越多的关注.

首先，可靠性与电子工业的发展密切相关，其重要性可从电子产品发展的三个特点来加以说明.

1）电子产品的复杂程度在不断增加. 人们最早使用的矿石收音机是非常简单的，之后出现了各种类型的收音机、录音机、录放摄像机、交换机、雷达、电子计算机及宇航控制设备等，设备的复杂程度不断增长. 电子设备复杂程度的显著标志是所含元器件数量的多少. 电子设备的可靠性决定于所用元器件的可靠性，因为电子设备中的任何一个元器件、任何一个焊点发生故障都将导致系统发生故障.一般来说，电子设备所用的元器件数量越多，其可靠性问题就越复杂. 只有对元器件可靠性的要求非常高、非常苛刻，才能保证设备或系统可靠地工作.

2）电子设备的使用环境日益严酷. 从实验室到野外，从热带到寒带，从陆地到深海，从高空到宇宙空间，电子设备经受着不同的环境条件。除温度、湿度影响外，海水、盐雾、冲击、振动、宇宙粒子、各种辐射等也对电子元器件有着较大影响，这些因素导致产品失效的可能性不断增大.

3）电子设备的装置密度不断增加. 电子产品从第一代电子管进入第二代晶体管，从小、中规模集成电路进入到大规模和超大规模集成电路，现正朝小型化、微型化方向发展，导致装置密度不断增加，从而使内部温度增高，散热条件恶化. 随着环境温度的升高，电子元器件的可靠性也受到很大影响.

其次，可靠性引起人们的极大重视，同样也是出于安全考虑. 1986 年 4 月 26 日，苏联切尔诺贝利核电站 4 号堆（石墨水冷堆）由于工作人员违章操作、判断失误，加上反应堆设计缺陷，特别是没有安全壳等，导致了核电史上最严重的事故. 1996 年在奥地利首都维也纳，国际原子能机构、世界卫生组织和欧盟委员会联合召开了“国际切尔诺贝利事故 10 周年大会”，参加大会的有 71 个国家和 20 个国际组织的 845 名科学家和 280 名记者. 这次大会对切尔诺贝利事故做出了权威性结论：切尔诺贝利事故共造成 30 人死亡，其中 28 人死于过量辐照，2 人死于爆炸；其对健康影响主要表现在儿童甲状腺癌发病率有少量增加，确诊甲状腺癌的儿童已有 3 人死亡. 由此可以看出，一旦设计或者操作不可靠，就会造成巨大的损失. 由此可见，可靠性研究是切实关系人们安全的问题.

再次，从维修的角度来看，可靠性研究也有重要的作用. 一方面，一个元器件或部件失效不仅损坏失效的元器件或部件本身，而且往往也损坏使用这些元器件或部件的某些更大的设备或系统，并且一个系统的主要部件导致的事故往往需要花费巨额的修复费用. 另一方面，为维持某些军用设备处于工作状态，军事部门每年的花费通常都会高达设备原价的数倍. 1989 年一组企业调查表明，维修费用总支出超过 6000 亿美元[110]. 也有数据表明德国和荷兰在维修方面支出的费用分别占其 GDP 的 13%～15%和 14%[111-112].这些数据都说明了高可靠性的必要性.

最后，可靠性不仅可以提高系统的安全性，还可以产生巨大的经济效益. 从纯经济学的角度看，为了减少总的费用，高可靠性也是十分必要的. 这里值得提出的是日本. 日本在 1956 年从美国引进了可靠性和经济管理，1960 年成立了质量委员会，20 世纪 60 年代中期，成立了电子元件可靠性中心. 日本将美国在航空、航天及军工行业中的可靠性研究成果应用到民用工业，特别是民用电子工业，这使其民用电子产品质量大幅提高，产品在世界各国畅销，赢得良好的质量信誉，不到十年，它的工业增长年速度就高达 15%. 由此日本再次成为第二次世界大战之后的一个经济强国. 同样，我国“小天鹅”洗衣机试生产时，其产品的可靠性并不高，但厂家并没有急于把产品推向市场，而是集中优秀人才和资金刻苦攻关，终于大幅提高了产品的可靠性，使得其无故障率运行次数高达 5000 次. 最终产品进入了国际先进行列并深受用户好评，其市场占有率曾多年保持同行第一，社会效益和经济效益大幅提升. 事实上，从许多著名品牌的创业道路来看，虽然成功的原因很多，但是重视产品可靠性不能不说是其成功的秘诀之一.

现在可靠性已经被列为产品的重要质量指标加以考核和检验. 可靠性作为产品的一项重要指标，只定性描述就显得不够，必须使之数量化，这样才能进行精确的描述和比较. 这就需要引进数学的思想方法对可靠性进行定义，更需要从数学的观点对可靠性做定量和定性分析，给出系统性的判断.

综上，提高产品的可靠性有着重要意义. 首先提高产品的可靠性，可以防止或减少故障和事故的发生，尤其是避免灾难性的事故发生，从而保证人民的生命财产安全. 其次提高产品的可靠性，能使产品总的费用降低. 最后对于企业来讲，提高产品的可靠性，可以改善企业信誉，增强企业竞争力，扩大产品销路，从而提高经济效益.

小　结

本章首先介绍了可靠性理论的起源及发展；其次，详细阐述了可靠性的一些基本概念；最后，理论联系实际，论证了提高产品可靠性的重要意义.

第 2 章　算子半群理论

本章介绍一类特殊的半群—— C_0 半群的基本概念、基本性质，以及 C_0 半群理论在抽象柯西问题中的应用.

2.1　C_0 半群理论

定义 2.1.1　设 X 是巴拿赫空间，$T(t)(0\leqslant t<\infty)$ 是 X 到 X 内的有界线性算子的单参数族. 称 $\{T(t),t\geqslant 0\}$ 是 X 上的有界线性算子半群，如果满足条件：

1）$T(0)=\boldsymbol{I}$（$\boldsymbol{I}$ 是 X 上的恒等算子）；

2）$T(t+s)=T(t)T(s)$ 对一切 $t,s\geqslant 0$ 成立（半群性质）.

一个有界线性算子半群 $T(t)$ 是一致连续的，那么

$$\lim_{t\to 0^+} T(t)\boldsymbol{x}=\boldsymbol{x}, \forall \boldsymbol{x}\in X$$

一个 X 上的有界线性算子强连续半群称为一个 C_0 类半群，或称为一个 C_0 半群. 定义线性算子 $\boldsymbol{A}$ 如下：

$$D(\boldsymbol{A})=\left\{\boldsymbol{x}\in X \mid \lim_{t\to 0^+}\frac{T(t)\boldsymbol{x}-\boldsymbol{x}}{t}\right\}$$

对于 $\forall \boldsymbol{x}\in D(\boldsymbol{A})$，有

$$\boldsymbol{A}x=\lim_{t\to 0^+}\frac{T(t)\boldsymbol{x}-\boldsymbol{x}}{t}=\left.\frac{\mathrm{d}^+T(t)\boldsymbol{x}}{\mathrm{d}t}\right|_{t=0}$$

称 $\boldsymbol{A}$ 为 $T(t)$ 的无穷小生成元. 这里容易验证 $D(\boldsymbol{A})$ 是 X 的一个子空间，并且 $\boldsymbol{A}$ 是一个线性算子.

对于生成元和半群之间有如下关系.

定理 2.1.1　设 $\boldsymbol{A}$ 是 C_0 半群 $\{T(t)\}_{t\geqslant 0}\subset B(X)$ 的无穷小生成元，则对任意 $f\in D(\boldsymbol{A})$，有

1）$T(t)f\in D(\boldsymbol{A})$，并且 $\boldsymbol{A}T(t)f=T(t)\boldsymbol{A}f$，$t\in[0,\infty)$;

2）$\dfrac{\mathrm{d}}{\mathrm{d}t}\{T(t)f\}=\boldsymbol{A}T(t)f=T(t)\boldsymbol{A}f$.

定理 2.1.2　设 $T(t)$ 是一个 C_0 半群，则存在常数 $\omega\geqslant 0$ 和 $M>1$，使得

$$\|T(t)\|\leqslant M\mathrm{e}^{\omega t}\quad(0\leqslant t<\infty)$$

如果 $\omega=0$，则称 $T(t)$ 是一致有界的，而且如果 $M=1$，则称 $T(t)$ 是收缩半群.

定理 2.1.3　设 $T(t)$ 和 $S(t)$ 是有界线性算子的 C_0 半群，其无穷小生成元分别是 $\boldsymbol{A}$ 和

$\boldsymbol{B}$，如果 $\boldsymbol{A}=\boldsymbol{B}$，则 $T(t)=S(t)$ 对 $t\geqslant 0$ 成立.

定理 2.1.4　设 $T(t)$ 是 C_0 半群，又设 $\boldsymbol{A}$ 是无穷小生成元，则

1）对 $\boldsymbol{x}\in X$，有 $\lim\limits_{h\to 0}\frac{1}{h}\int_t^{t+h}T(s)s\mathrm{d}s=T(t)\boldsymbol{x}$；

2）对 $\boldsymbol{x}\in X$，有 $\int_0^t T(s)\boldsymbol{x}\mathrm{d}s\in D(\boldsymbol{A})$ 和 $\boldsymbol{A}\left(\int_0^t T(s)\boldsymbol{x}\mathrm{d}s\right)=T(t)\boldsymbol{x}-\boldsymbol{x}$；

3）对 $\boldsymbol{x}\in D(\boldsymbol{A})$，有 $T(t)\boldsymbol{x}\in D(\boldsymbol{A})$ 和 $\frac{\mathrm{d}}{\mathrm{d}t}T(t)\boldsymbol{x}=\boldsymbol{A}T(t)\boldsymbol{x}=T(t)\boldsymbol{A}\boldsymbol{x}$;

4）对 $\boldsymbol{x}\in D(\boldsymbol{A})$，有 $T(t)\boldsymbol{x}-T(s)\boldsymbol{x}=\int_s^t T(\tau)\boldsymbol{A}\boldsymbol{x}\mathrm{d}\tau=\int_s^t \boldsymbol{A}T(\tau)\boldsymbol{x}\mathrm{d}\tau$.

推论 2.1.1　若 $\boldsymbol{A}$ 是 C_0 半群的无穷小生成元，则 $\boldsymbol{A}$ 的定义域 $D(\boldsymbol{A})$ 在 X 中稠密，且 $\boldsymbol{A}$ 是一个闭线性算子.

算子 $\boldsymbol{A}$ 是一个 C_0 压缩半群的生成元的特征可由下面的定理给出.

定理 2.1.5［希尔-吉田耕作（Hille-Yosida）定理］　一个线性（无界）算子 $\boldsymbol{A}$ 是 C_0 收缩半群 $T(t)$，$t\geqslant 0$ 的无穷小生成元当且仅当

1） $\boldsymbol{A}$ 是闭的，且 $\overline{D(\boldsymbol{A})}=X$；

2） $\boldsymbol{A}$ 的预解集 $\rho(\boldsymbol{A})$ 包含 $\mathbf{R}^+$，且对每一个 $\lambda>0$，有

$$\|R(\lambda;\boldsymbol{A})\|\leqslant\frac{1}{\lambda} \tag{2-1}$$

式中，$R(\lambda;\boldsymbol{A})=(\lambda\boldsymbol{I}-\boldsymbol{A})^{-1}$，且 $\lambda\in\rho(\boldsymbol{A})$。

证明　定理 2.1.5 的必要性证明. 若 $\boldsymbol{A}$ 是一个 C_0 半群的无穷小生成元，则由推论 2.1.1 可知 $\boldsymbol{A}$ 是闭的，且 $\overline{D(\boldsymbol{A})}=X$. 对于 $\lambda>0$ 和 $\boldsymbol{x}\in X$，令

$$R(\lambda)\boldsymbol{x}=\int_0^\infty \mathrm{e}^{-\lambda t}T(t)\boldsymbol{x}\mathrm{d}t$$

因为 $t\to T(t)\boldsymbol{x}$ 是连续和一致有界的，作为一个反常黎曼积分，上式是存在的且定义一个有界线性算子 $R(\lambda)$，满足

$$\|R(\lambda)\boldsymbol{x}\|\leqslant\int_0^\infty \mathrm{e}^{-\lambda t}\|T(t)\boldsymbol{x}\|\mathrm{d}t\leqslant\frac{1}{\lambda}\|\boldsymbol{x}\|$$

且当 $h>0$ 时，有

$$\begin{aligned}\frac{T(h)-I}{h}R(\lambda)\boldsymbol{x}&=\frac{1}{h}\int_0^\infty \mathrm{e}^{-\lambda t}[T(t+h)\boldsymbol{x}-T(t)\boldsymbol{x}]\mathrm{d}t\\&=\frac{\mathrm{e}^{\lambda h}-1}{h}\int_0^\infty \mathrm{e}^{-\lambda t}T(t)\boldsymbol{x}\mathrm{d}t-\frac{\mathrm{e}^{\lambda h}}{h}\int_0^h \mathrm{e}^{-\lambda t}T(t)\boldsymbol{x}\mathrm{d}t\end{aligned} \tag{2-2}$$

当 $h\to 0$ 时，式（2-2）的右端收敛到 $\lambda R(\lambda)\boldsymbol{x}-\boldsymbol{x}$. 由此推出对每一个 $\boldsymbol{x}\in X$ 和 $\lambda>0$，$R(\lambda)\boldsymbol{x}\in D(\boldsymbol{A})$ 和 $\boldsymbol{A}R(\lambda)=\lambda R(\lambda)-\boldsymbol{I}$，或

$$(\lambda\boldsymbol{I}-\boldsymbol{A})R(\lambda)=\boldsymbol{I} \tag{2-3}$$

对于 $\boldsymbol{x}\in D(\boldsymbol{A})$，有

$$\begin{aligned}R(\lambda)\boldsymbol{A}\boldsymbol{x}&=\int_0^\infty \mathrm{e}^{-\lambda t}T(t)\boldsymbol{A}\boldsymbol{x}\mathrm{d}t=\int_0^\infty \mathrm{e}^{-\lambda t}\boldsymbol{A}T(t)\boldsymbol{x}\mathrm{d}t\\&=\boldsymbol{A}\left[\int_0^\infty \mathrm{e}^{-\lambda t}T(t)\boldsymbol{x}\mathrm{d}t\right]=\boldsymbol{A}R(\lambda)\boldsymbol{x}\end{aligned} \tag{2-4}$$

这里用了定理 2.1.4 和 A 的闭性. 由式（2-3）和式（2-4）得到

$$R(\lambda)(\lambda \boldsymbol{I}-\boldsymbol{A})\boldsymbol{x}=\boldsymbol{x}, \quad \boldsymbol{x}\in D(\boldsymbol{A})$$

因此 $R(\lambda)$ 是 $\lambda\boldsymbol{I}-\boldsymbol{A}$ 的逆，对一切 $\lambda>0$ 存在并且满足所期望的估计式（2-1），得出定理条件 1）和 2）是必要的.

为了证明定理条件 1）和 2）对于 $\boldsymbol{A}$ 是一个 C_0 收缩半群的无穷小生成元是充分的，需要以下引理.

引理 2.1.1　设 $\boldsymbol{A}$ 满足定理 2.1.5 的条件 1）和 2），又设 $R(\lambda;\boldsymbol{A})=(\lambda\boldsymbol{I}-\boldsymbol{A})^{-1}$，则

$$\lim_{\lambda\to\infty}\lambda R(\lambda;\boldsymbol{A})\boldsymbol{x}=\boldsymbol{x}, \quad \boldsymbol{x}\in X$$

证明　首先设 $\boldsymbol{x}\in D(\boldsymbol{A})$，则

$$\|\lambda R(\lambda;\boldsymbol{A})\boldsymbol{x}-\boldsymbol{x}\|=\|\boldsymbol{A}R(\lambda;\boldsymbol{A})\boldsymbol{x}\|=\|R(\lambda;\boldsymbol{A})\boldsymbol{A}\boldsymbol{x}\|\leqslant\frac{1}{\lambda}\|\boldsymbol{A}\boldsymbol{x}\|\to 0$$

这里 $\lambda\to\infty$. 但是 $D(\boldsymbol{A})$ 在 X 中稠密且 $\|\lambda R(\lambda;\boldsymbol{A})\|\leqslant 1$. 因此 $\lambda R(\lambda;\boldsymbol{A})\boldsymbol{x}\to\boldsymbol{x}$，当 $\lambda\to\infty$ 时，对一切 $\boldsymbol{x}\in X$ 成立.

现在对每一个 $\lambda>0$，定义 $\boldsymbol{A}$ 的 Yosida 逼近如下：

$$\boldsymbol{A}_\lambda=\lambda\boldsymbol{A}R(\lambda;\boldsymbol{A})=\lambda^2R(\lambda;\boldsymbol{A})-\lambda\boldsymbol{I} \tag{2-5}$$

在引理 2.1.2 和引理 2.1.3 中，$\boldsymbol{A}_\lambda$ 是 $\boldsymbol{A}$ 的一个逼近.

引理 2.1.2　设 A 满足定理 2.1.5 的条件 1）和 2），如果 $\boldsymbol{A}_\lambda$ 是 $\boldsymbol{A}$ 的一个 Yosida 逼近，则

$$\lim_{\lambda\to\infty}\boldsymbol{A}_\lambda\boldsymbol{x}=\boldsymbol{A}\boldsymbol{x}, \quad \boldsymbol{x}\in D(\boldsymbol{A})$$

证明　对于 $\boldsymbol{x}\in D(\boldsymbol{A})$，由引理 2.1.1 和 $\boldsymbol{A}_\lambda$ 定义，有

$$\lim_{\lambda\to\infty}\boldsymbol{A}_\lambda\boldsymbol{x}=\lim_{\lambda\to\infty}\lambda R(\lambda;\boldsymbol{A})\boldsymbol{A}\boldsymbol{x}=\boldsymbol{A}\boldsymbol{x}$$

引理 2.1.3　设 A 满足定理 2.1.5 的条件 1）和 2）. 如果 $\boldsymbol{A}_\lambda$ 是 A 的 Yosida 逼近，则 $\boldsymbol{A}_\lambda$ 是一个一致连续收缩半群 e^{tA} 的无穷小生成元. 而且对每一个 $\boldsymbol{x}\in X$，$\lambda,\mu>0$，有

$$\|\mathrm{e}^{tA_\lambda}x-\mathrm{e}^{tA_\mu}\boldsymbol{x}\|\leqslant t\|\boldsymbol{A}_\lambda\boldsymbol{x}-\boldsymbol{A}_\mu\boldsymbol{x}\|$$

证明　由式（2-5）可知，$\boldsymbol{A}_\lambda$ 是一个有界线性算子，$\boldsymbol{A}_\lambda$ 是一个有界线性算子的一致连续半群 e^{tA_λ} 的无穷小生成元，且

$$\|\mathrm{e}^{tA_\lambda}\|=\mathrm{e}^{-t\lambda}\|\mathrm{e}^{t\lambda^2R(\lambda;A)}\|\leqslant\mathrm{e}^{-t\lambda}\mathrm{e}^{t\lambda^2\|R(\lambda;A)\|}\leqslant 1$$

所以 e^{tA_λ} 是一个收缩半群. 显然由定义知 $\boldsymbol{A}_\lambda$ 和 $\boldsymbol{A}_\mu$ 可以互换，进而 e^{tA_λ} 和 e^{tA_μ} 可以互换. 因此

$$\begin{aligned}\|\mathrm{e}^{tA_\lambda}\boldsymbol{x}-\mathrm{e}^{tA_\mu}\boldsymbol{x}\|&=\left\|\int_0^1\frac{\mathrm{d}}{\mathrm{d}s}(\mathrm{e}^{tsA_\lambda}\mathrm{e}^{t(1-s)A_\mu}\boldsymbol{x})\mathrm{d}s\right\|\\&\leqslant\int_0^1 t\|\mathrm{e}^{tsA_\lambda}\mathrm{e}^{t(1-s)A_\mu}(\boldsymbol{A}_\lambda\boldsymbol{x}-\boldsymbol{A}_\mu\boldsymbol{x})\|\mathrm{d}s\\&\leqslant t\|\boldsymbol{A}_\lambda\boldsymbol{x}-\boldsymbol{A}_\mu\boldsymbol{x}\|\end{aligned}$$

定理 2.1.5 的充分性证明. 设 $x\in D(\boldsymbol{A})$，则

$$\|\mathrm{e}^{tA_\lambda}\boldsymbol{x}-\mathrm{e}^{tA_\mu}\boldsymbol{x}\|\leqslant t\|\boldsymbol{A}_\lambda\boldsymbol{x}-\boldsymbol{A}_\mu\boldsymbol{x}\|\leqslant t\|\boldsymbol{A}_\lambda\boldsymbol{x}-\boldsymbol{A}\boldsymbol{x}\|+t\|\boldsymbol{A}\boldsymbol{x}-\boldsymbol{A}_\mu\boldsymbol{x}\| \tag{2-6}$$

由式（2-6）和引理 2.1.2 可知，对 $\boldsymbol{x}\in D(\boldsymbol{A})$，当 $\lambda\to\infty$ 时，$\mathrm{e}^{tA_\lambda}\boldsymbol{x}$ 收敛，且在有界区间上收敛是一致的. 因为 $D(\boldsymbol{A})$ 在 X 中稠密和 $\|\mathrm{e}^{tA_\lambda}\|\leqslant 1$，所以

$$\lim_{\lambda\to\infty}\mathrm{e}^{tA_\lambda}\boldsymbol{x}=T(t)\boldsymbol{x}, \quad \boldsymbol{x}\in X \tag{2-7}$$

式（2-7）中的极限又重新在有界区间上是一致的. 由式（2-7）易知极限 $T(t)$ 满足半群性质，$T(0)=\boldsymbol{I}$ 及 $\|T(t)\|\leqslant 1$；而且作为连续函数 $t\to\mathrm{e}^{tA_\lambda x}$ 的一致极限，当 $t\geqslant 0$ 时，$t\to T(t)\boldsymbol{x}$ 也是连续的. 因此 $T(t)$ 是 X 上的一个 C_0 收缩半群. 为此，只需证明 A 是 $T(t)$ 的无穷小生成元. 设 $\boldsymbol{x}\in D(\boldsymbol{A})$，则由式（2-7）和定理 2.1.4 有

$$T(t)\boldsymbol{x}-\boldsymbol{x}=\lim_{\lambda\to\infty}(\mathrm{e}^{tA_\lambda x}-\boldsymbol{x})=\lim_{\lambda\to\infty}\int_0^t \mathrm{e}^{sA_\lambda}\boldsymbol{A}_\lambda\boldsymbol{x}\mathrm{d}s=\int_0^t T(s)\boldsymbol{A}\boldsymbol{x}\mathrm{d}s \tag{2-8}$$

最后的等式由 $\mathrm{e}^{tA_\lambda}\boldsymbol{A}_\lambda\boldsymbol{x}$ 在有界区间上一致收敛到 $T(t)\boldsymbol{A}\boldsymbol{x}$ 得出. 设 $\boldsymbol{B}$ 是 $T(t)$ 的无穷小生成元，$\boldsymbol{x}\in D(\boldsymbol{A})$. 用式（2-8）除以 $t(t>0)$，并让 $t\to 0$，得到 $\boldsymbol{x}\in D(\boldsymbol{B})$ 和 $\boldsymbol{B}\boldsymbol{x}=\boldsymbol{A}\boldsymbol{x}$，因此 $\boldsymbol{B}\supseteq\boldsymbol{A}$. 一方面，因为 $\boldsymbol{B}$ 是 $T(t)$ 的无穷小生成元，由必要条件可知 $1\in\rho(\boldsymbol{B})$；另一方面，由定理 2.1.5 的条件 2）可知，$1\in\rho(\boldsymbol{A})$ 由 $\boldsymbol{B}\supseteq\boldsymbol{A}$，$(\boldsymbol{I}-\boldsymbol{B})D(\boldsymbol{A})=(\boldsymbol{I}-\boldsymbol{A})D(\boldsymbol{A})=X$ 推出 $D(\boldsymbol{B})=(\boldsymbol{I}-\boldsymbol{B})^{-1}\boldsymbol{X}=D(\boldsymbol{A})$，所以 $\boldsymbol{A}=\boldsymbol{B}$.

下面给出定理 2.1.5 的一些简单推论.

推论 2.1.2 设 $\boldsymbol{A}$ 是 C_0 收缩半群 $T(t)$ 的无穷小生成元. 如果 $\boldsymbol{A}_\lambda$ 是 $\boldsymbol{A}$ 的 Yosida 逼近，则

$$T(t)\boldsymbol{x}=\lim_{\lambda\to\infty}\mathrm{e}^{tA_\lambda}\boldsymbol{x}, \boldsymbol{x}\in X$$

推论 2.1.3 设 $\boldsymbol{A}$ 是 C_0 收缩半群 $T(t)$ 的无穷小生成元，则 $\boldsymbol{A}$ 的预解集包含开的右半平面，即 $\rho(\boldsymbol{A})\supseteq\{\lambda:\mathrm{Re}\lambda>0\}$，且对 λ 有

$$\|R(\lambda;\boldsymbol{A})\|\leqslant\frac{1}{\mathrm{Re}\lambda} \tag{2-9}$$

推论 2.1.4 线性算子 $\boldsymbol{A}$ 是一个满足 $\|T(t)\|\leqslant\mathrm{e}^{\omega t}$ 的 C_0 半群的无穷小生成元，当且仅当

1）$\boldsymbol{A}$ 是闭的，且 $\overline{D(\boldsymbol{A})}=X$；

2）$\boldsymbol{A}$ 的预解集 $\rho(\boldsymbol{A})$ 包含射线 $\{\lambda\,|\,\mathrm{Im}\lambda=0,\lambda>\omega\}$，且对这样的 λ，有

$$\|R(\lambda,\boldsymbol{A})\|\leqslant\frac{1}{\lambda-\omega}$$

定理 2.1.6 设 X 是巴拿赫空间，$\boldsymbol{A}$ 是 X 上满足 $\|T(t)\|\leqslant M\mathrm{e}^{\omega t}$ 的 C_0 半群 $T(t)$ 的无穷小生成元. 如果 $\boldsymbol{B}$ 是 X 上有界线性算子，则 $\boldsymbol{A}+\boldsymbol{B}$ 是 X 上一个满足 $\|S(t)\|\leqslant M\mathrm{e}^{(\omega+M\|\boldsymbol{B}\|)t}$ 的 C_0 半群 $S(t)$ 的无穷小生成元.

X 是一个巴拿赫空间，X^* 是其对偶. 以 $\langle\boldsymbol{x},\boldsymbol{x}^*\rangle$ 或 $\langle\boldsymbol{x}^*,\boldsymbol{x}\rangle$ 表示 $\boldsymbol{x}^*\in X^*$ 在 $\boldsymbol{x}\in X$ 的值. 对于每个 $\boldsymbol{x}\in X$，定义对偶集如下：

$$F(\boldsymbol{x})=\{\boldsymbol{x}^*\,|\,\boldsymbol{x}^*\in X^*，且\langle\boldsymbol{x}^*,\boldsymbol{x}\rangle=\|\boldsymbol{x}\|^2=\|\boldsymbol{x}^*\|^2\}$$

定义 2.1.2 一个线性算子 $\boldsymbol{A}$ 称为耗散的，如果对于每一个 $\boldsymbol{x}\in D(\boldsymbol{A})$，存在 $\boldsymbol{x}^*\in F(\boldsymbol{x})$，使得 $\mathrm{Re}\langle\boldsymbol{A}\boldsymbol{x},\boldsymbol{x}^*\rangle\leqslant 0$.

定理 2.1.7 一个线性算子 $\boldsymbol{A}$ 是耗散的，当且仅当 $\|(\lambda\boldsymbol{I}-\boldsymbol{A})\boldsymbol{x}\|\geqslant\lambda\|\boldsymbol{x}\|$，对一切 $\boldsymbol{x}\in D(\boldsymbol{A})$ 和 $\lambda>0$ 成立.

定理 2.1.8　设 $\boldsymbol{A}$ 是 X 中具有稠定义域的线性算子.

1）如果 $\boldsymbol{A}$ 是耗散的，且存在 $\lambda_0>0$，使得 $\lambda_0\boldsymbol{I}-\boldsymbol{A}$ 的值域 $\boldsymbol{R}(\lambda_0\boldsymbol{I}-\boldsymbol{A})$ 是 X，则 $\boldsymbol{A}$ 是一个 X 上 C_0 收缩半群的无穷小生成元；

2）如果 $\boldsymbol{A}$ 是 X 中一个 C_0 收缩半群的无穷小生成元，则对一切 $\lambda>0$，$\boldsymbol{R}(\lambda\boldsymbol{I}-\boldsymbol{A})=X$ 且 $\boldsymbol{A}$ 是耗散的. 此外，对每一个 $\boldsymbol{x}\in D(\boldsymbol{A})$ 和每一个 $\boldsymbol{x}^*\in F(\boldsymbol{x})$，有 $\mathrm{Re}\langle\boldsymbol{Ax},\boldsymbol{x}^*\rangle\leqslant 0$.

证明　设 $\lambda>0$，由定理 2.1.7 $\boldsymbol{A}$ 的耗散性推出

$$\|(\lambda\boldsymbol{I}-\boldsymbol{A})\boldsymbol{x}\|\geqslant\lambda\|\boldsymbol{x}\| \tag{2-10}$$

对一切 $\boldsymbol{x}\in D(\boldsymbol{A})$ 和 $\lambda>0$ 成立. 因为 $R(\lambda_0\boldsymbol{I}-\boldsymbol{A})=X$，由式（2-10）可知，当 $\lambda=\lambda_0$ 时，$(\lambda_0\boldsymbol{I}-\boldsymbol{A})^{-1}$ 是有界线性算子，是闭的，所以 $\lambda_0\boldsymbol{I}-\boldsymbol{A}$ 是闭的，$\boldsymbol{A}$ 也是闭的. 如果对每一个 $\lambda>0$，有 $R(\lambda\boldsymbol{I}-\boldsymbol{A})=X$，则由式（2-10）可知，$\rho(\boldsymbol{A})\supseteq(0,\infty)$ 和 $\|R(\lambda;\boldsymbol{A})\|\leqslant\lambda^{-1}$，从而由定理 2.1.5 可知，$\boldsymbol{A}$ 是 X 上一个 C_0 收缩半群的无穷小生成元.

为了完成定理 2.1.8 的 1）的证明，还需要指出对所有 $\lambda>0$，有 $R(\lambda\boldsymbol{I}-\boldsymbol{A})=X$. 考虑集合 $\Lambda=\{\lambda:0<\lambda<\infty$，$R(\lambda\boldsymbol{I}-\boldsymbol{A})=X\}$. 设 $\lambda=\Lambda$，由式（2-10）可知，$\lambda\in\rho(\boldsymbol{A})$. 一方面，因为 $\rho(\boldsymbol{A})$ 是开的，存在 λ 的一个在 $\rho(\boldsymbol{A})$ 中的领域，这个领域和实轴的交显然在 Λ 中，所以 Λ 是开的. 另一方面，设 $\lambda_n\in\Lambda$，$\lambda_n\to\lambda>0$，对每一个 $y\in X$，存在 $x_n\in D(\boldsymbol{A})$，使得

$$\lambda_n\boldsymbol{x}_n-\boldsymbol{Ax}_n=\boldsymbol{y} \tag{2-11}$$

由式（2-10）可知，存在常数 $C>0$，使得 $\|\boldsymbol{x}_n\|\leqslant\lambda_n^{-1}\|\boldsymbol{y}\|\leqslant C$. 现在

$$\begin{aligned}\lambda_m\|\boldsymbol{x}_n-\boldsymbol{x}_m\|&\leqslant\|\lambda_m(\boldsymbol{x}_n-\boldsymbol{x}_m)-A(\boldsymbol{x}_n-\boldsymbol{x}_m)\|\\&=|\lambda_n-\lambda_m|\cdot\|\boldsymbol{x}_n\|\\&\leqslant C|\lambda_n-\lambda_m|\end{aligned} \tag{2-12}$$

因此 $\{\boldsymbol{x}_n\}$ 是一个柯西序列，设 $\boldsymbol{x}_n\to\boldsymbol{x}$，则由式（2-11）可知，$\boldsymbol{Ax}_n\to\lambda\boldsymbol{x}-\boldsymbol{y}$. 因为 $\boldsymbol{A}$ 是闭的，所以 $\boldsymbol{x}\in D(\boldsymbol{A})$，且 $\lambda\boldsymbol{x}-\boldsymbol{Ax}=\boldsymbol{y}$，因此 $R(\lambda\boldsymbol{I}-\boldsymbol{A})=X$，$\lambda\in\Lambda$，由此可知 Λ 在 $(0,\infty)$ 中也是闭的. 又因为假设 $\lambda_0\in\Lambda$，故 $\Lambda\neq\varnothing$，所以 $\Lambda=(0,\infty)$. 这就完成了定理 2.1.8 的 1）的证明.

如果 $\boldsymbol{A}$ 是 X 上一个 C_0 收缩半群 $T(t)$ 的无穷小生成元，则由定理 2.1.5 可知 $\rho(A)\supseteq(0,\infty)$，因此 $R(\lambda\boldsymbol{I}-\boldsymbol{A})=X$ 对一切 $\lambda>0$ 成立，而且，如果 $\boldsymbol{x}\in D(\boldsymbol{A}),\boldsymbol{x}^*\in F(x)$，则

$$|\langle T(t)\boldsymbol{x},\boldsymbol{x}^*\rangle|\leqslant\|T(t)\boldsymbol{x}\|\cdot\|\boldsymbol{x}^*\|\leqslant\|\boldsymbol{x}\|^2$$

因此

$$\mathrm{Re}\langle T(t)\boldsymbol{x}-\boldsymbol{x},\boldsymbol{x}^*\rangle=\mathrm{Re}\langle T(t)\boldsymbol{x},\boldsymbol{x}^*\rangle-\|\boldsymbol{x}\|^2\leqslant 0 \tag{2-13}$$

用式（2-13）除以 $t(t>0)$，并让 $t\downarrow 0$ 得

$$\mathrm{Re}\langle\boldsymbol{Ax},\boldsymbol{x}^*\rangle\leqslant 0$$

这对一切 $\boldsymbol{x}^*\in F(\boldsymbol{x})$ 成立，从而完成了证明.

定义 2.1.3　设 $(X,\|\cdot\|)$ 是一个巴拿赫空间，若 $X_+\subset X$ 满足条件 $\lambda X_++\mu X_+\subset X$，对任意的 $\lambda,\mu\geqslant 0$ 成立，且 X_+ 关于范数 $\|\cdot\|$ 是一个闭集，则称 X_+ 是 X 的一个正锥.

在 X 中的元素 x,y 如果满足 $x-y\in X_+$，则记为 $x\geqslant y$，这样 $x\in X_+$ 就等价于 $x\geqslant 0$. 易

知这样的关系≥满足自反性、可传递性和反对称性（反对称性也可以写为$X_+\cap(-X_+)=\{0\}$），因而这是一个序关系，并且是由正锥所确定的序关系. 此时称X为有序的巴拿赫空间，记为$(X,X_+,\|\cdot\|)$，称元素$x\geqslant 0$为正元素，而称元素$x>0$为严格正的.

定义 2.1.4 设X是一个实向量空间，并用一个正锥X_+确定X中的一个偏序“≥”，则称X为有序向量空间.

若$\forall x,y\in X,\sup(x,y)\triangleq x\vee y$和$\inf(x,y)\triangleq x\wedge y$存在，则称$X$是一个向量格. 显然，向量格中正锥必是生成的（即$X=X_+-X_+$）. 采用记号$x^+=x\vee 0,x^-=(-x)\vee 0$，则$x=x^+-x^-,x^+\wedge x^-=0$，并称$|x|=x\vee(-x)$为$x$的绝对值，则$|x|=x^++x^-=x^+\vee x^-$. 在向量格$X$上的一个范数$\|\cdot\|$称为里斯范数，若$|x|\leqslant|y|\Rightarrow\|x\|\leqslant\|y\|$. 若向量格$X$关于里斯范数$\|\cdot\|$是一个巴拿赫空间，则称$\boldsymbol{X}$为巴拿赫格.

定理 2.1.9（菲利普特定理） 设X是一个巴拿赫格，$\boldsymbol{A}:D(\boldsymbol{A})\subset X\to X$是一个线性算子，则下述两个条件等价：

1）$\boldsymbol{A}$是一个正压缩C_0半群的生成元；

2）$\boldsymbol{A}$是稠定的（即$\boldsymbol{A}$的定义域在X中稠密）扩散算子，且$R(\lambda\boldsymbol{I}-\boldsymbol{A})=X$，对某个$\lambda>0$.

这个定理表明扩散算子只关心算子$\lambda\boldsymbol{I}-\boldsymbol{A}$的值域空间，且只需要对某一给定的$\lambda$进行讨论.

定理 2.1.10 设$\boldsymbol{A}$是$L^1[0,\infty)$中稠定的线性算子，则下述两个条件等价：

1）$\boldsymbol{A}$是一个正压缩C_0半群的生成元；

2）对任何$g\in L^1[0,\infty)$，方程$(\lambda\boldsymbol{I}-\boldsymbol{A})f=g$存在唯一解$f\in D(\boldsymbol{A})$，并且对任意

$$\langle \boldsymbol{A}p,\phi\rangle\leqslant 0,p\in D(\boldsymbol{A})$$

这里

$$\phi(x)=\begin{cases}1, & p(x)>0\\ 0\leqslant\phi(x)\leqslant 1, & p(x)=0\\ 0, & p(x)<0\end{cases}$$

定理 2.1.11 设X是巴拿赫空间，$\boldsymbol{A}$是一个映射$D(\boldsymbol{A})\subset X$到$X$内的具有非空预解集$\rho(\boldsymbol{A})$的稠定线性算子，则对每一个初值$U_0\in D(\boldsymbol{A})$，抽象柯西问题：

$$\begin{cases}\dfrac{\mathrm{d}U(t)}{\mathrm{d}t}=AU(t), & t>0\\ U(0)=U_0\end{cases}$$

在$[0,\infty)$上有唯一的连续可微解$U(t)$，当且仅当$\boldsymbol{A}$是一个C_0半群$T(t)$的无穷小生成元.

定义 2.1.5 设$\boldsymbol{A}=[a_{ij}]\in\boldsymbol{C}^{n\times n}$，如果满足

$$|a_{ij}|\geqslant\sum_{j=1,j\neq i}^{n}|a_{ij}|\quad(i=1,2,\cdots,n)\tag{2-14}$$

则称$\boldsymbol{A}$为行对角占优矩阵. 如果式（2-14）成立且至少对一个i取严格不等号，则称$\boldsymbol{A}$为行弱严格对角占优矩阵；如果式（2-14）对每一个i取严格不等号，则称$\boldsymbol{A}$为行严格对角占优矩阵，对于列有同样的定义.

定义 2.1.6　设有线性算子 $A: D(A) \subset X \to X$. 如果其定义域 $D(A)$ 在 X 上稠密，就称该算子是稠定算子. 如果算子满足如下条件，那么就称 A 是闭算子：设 $\{x_n\} \subset D(A)$，$y_n = Ax_n$，如果 $\lim\limits_{n\to\infty} x_n = x$ 和 $\lim\limits_{n\to\infty} y_n = y$ 都存在，那么 $x \in D(A)$，且 $y = Ax$.

如果算子的定义域是闭子空间，那么连续算子或有界算子一定是闭算子；反之，定义在整个空间上的闭算子一定是有界算子. 可见闭算子是连续算子的一般推广. 为简单起见，在巴拿赫空间上也仍沿用希尔伯特空间上的内积记号. 设 $x \in X, x^* \in X^*$，可记 $x^*(x) = \langle x^*, x\rangle = \langle x, x^*\rangle$.

对于稠定线性算子，可以定义其共轭算子.

定义 2.1.7　设 X 上的线性算子 A 是一个稠定算子，集合 $D(A^*)$ 由所有具有如下性质的元素 $x^* \in X^*$ 构成. 存在 $y^* \in X^*$，使如下关系：

$$\langle y^*, x\rangle = \langle x^*, Ax\rangle, \forall x \in D(A) \tag{2-15}$$

成立. 由此定义共轭算子

$$A^*: D(A^*) \subset X^* \to X^*, x^* \mapsto y^*$$

由于 A 是稠定算子，其共轭算子 A^* 的定义显然合理. 此时，给定 x^* 后，由式（2-15）确定的 y^* 是唯一的.

定理 2.1.12　设 $A = [a_{ij}] \in \mathbf{C}^{n\times n}$ 是行（或列）严格对角占优矩阵，则

1）A 是非奇异的；

2）如果 $a_{ij} > 0 (i = 1, 2, \cdots, n)$，那么 $\mathrm{Re}\lambda_i > 0, \forall \lambda_i \in \sigma(A)$，或者说，$A$ 是正稳定的. 特别地，当 A 的所有特征值为实数时，必全为正数，即 $\lambda_i > 0, \forall \lambda_i \in \sigma(A)$.

定理 2.1.13　设 X 是一个巴拿赫空间，$T(t)$ 是一个一致有界 C_0 半群，如果 $\rho_{\mathrm{p}}(A) \cap \mathrm{i}\mathbf{R} = \rho_{\mathrm{p}}(A^*) \cap \mathrm{i}\mathbf{R} = 0$，且 $\{r \in \mathbf{C} \mid r = \mathrm{i}a, a \neq 0, a \in \mathbf{R}\}$ 包含于 A 的预解集 $\rho(A)$. 若 0 在 X^* 中的代数重数为 1，则对任何 $U_0 \in D(A)$，抽象柯西问题（2-12）的时间依赖解收敛到其稳态解.

设 $B(X)$ 为巴拿赫空间上所有线性算子形成的集合，$K(X)$ 为所有紧算子形成的闭理想，对于 $T \in B(X)$，定义

$$\| T \|_{\mathrm{ess}} = \mathrm{dist}(T, K(X)) = \inf\{\| T - K \|, K \in K(X)\}$$

为算子在 Calkin 代数 $L(X)/K(X)$ 中的范数. 本质谱半径 $r_{\mathrm{ess}}(T)$ 满足

$$r_{\mathrm{ess}}(T) = \sup\{| r| : r \in \sigma_{\mathrm{ess}}(T)\} = \lim_{n\to\infty} \| T^n \|_{\mathrm{ess}}^{1/n}$$

对任意的紧算子 K，有 $\| T - K \|_{\mathrm{ess}} = \| T \|_{\mathrm{ess}}$. 因此，$r_{\mathrm{ess}}(T - K) = r_{\mathrm{ess}}(T)$. C_0 半群 $T = \{T(t)\}_{t\geqslant 0}$ 的增长阶 W 定义为

$$\begin{aligned} W &= \inf\{\omega \in \mathbf{R} \mid M \in \mathbf{R}^+, \text{使得} \| T(t) \| \leqslant M\mathrm{e}^{\omega t}, t \geqslant 0\} \\ &= \lim_{t\to\infty} \frac{1}{t} \log \| T(t) \| = \inf_{t>0} \frac{1}{t} \log \| T(t) \| \end{aligned}$$

其本质增长阶 W_{ess} 定义为

$$W_{\mathrm{ess}} = \lim_{t\to\infty} \frac{1}{t} \log \| T(t) \|_{\mathrm{ess}} = \inf_{t\geqslant 0} \frac{1}{t} \log \| T(t) \|_{\mathrm{ess}}$$

且

$$r_{\mathrm{ess}}(T(t)) = \mathrm{e}^{t \cdot W_{\mathrm{ess}}(\boldsymbol{T})} \quad (t \geqslant 0)$$

生成元为 $\boldsymbol{A}$ 的 C_0 半群的增长阶和本质增长阶也分别记为 $W(\boldsymbol{A})$ 和 $W_{\mathrm{ess}}(\boldsymbol{A})$.

定义 2.1.8 巴拿赫空间 X 上的 C_0 半群 $\boldsymbol{T} = \{T(t)\}_{t\geqslant 0}$ 为拟紧的，则

$$\lim_{t\to\infty} \mathrm{dist}(T(t), K(X)) = 0 \tag{2-16}$$

定理 2.1.14 巴拿赫空间 X 上的 C_0 半群 $\boldsymbol{T} = \{T(t)\}_{t\geqslant 0}$，以下性质等价：

1）$\boldsymbol{T}$ 是拟紧的；

2）$W_{\mathrm{ess}}(\boldsymbol{T}) < 0$；

3）存在 $t_0 > 0, \boldsymbol{K} \in K(X)$，使得 $\| T(t_0) - \boldsymbol{K} \| < 1$.

性质 2.1.1 若 $\{T(t)\}_{t\geqslant 0}$ 为巴拿赫空间 $\boldsymbol{X}$ 上的拟紧 C_0 半群，其生成元 $\boldsymbol{A}$、$\boldsymbol{K}$ 为紧算子，则 $\boldsymbol{A}+\boldsymbol{K}$ 生成的 C_0 半群仍为拟紧的.

性质 2.1.2 令 $\{T(t)\}_{t\geqslant 0}$ 为巴拿赫空间中的 C_0 半群，其生成元为 $\boldsymbol{A}$. 令 $\boldsymbol{B}$ 为 $\boldsymbol{X}$ 上的有界线性算子，则 $\boldsymbol{A}+\boldsymbol{B}$ 为 C_0 半群 $\{S(t)\}_{t\geqslant 0}$ 的生成元，且有

$$S(t)x = T(t)\boldsymbol{x} + \int_0^t T(t-s)\boldsymbol{B}S(s)\boldsymbol{x}\mathrm{d}s \quad (t \geqslant 0, \boldsymbol{x} \in X)$$

此外，若 $\boldsymbol{B}$ 是拟紧的，则

$$W_{\mathrm{ess}}(\boldsymbol{A}) = W_{\mathrm{ess}}(\boldsymbol{A}+\boldsymbol{B}) \tag{2-17}$$

性质 2.1.3 令 $\{T_0(t)\}_{t\geqslant 0}, \{T(t)\}_{t\geqslant 0}$ 分别为算子 $\boldsymbol{A}_0$ 和 $\boldsymbol{A}$ 生成的 C_0 半群，若存在 $t_0 > 0$，使得对任意 $t \geqslant t_0$ 都有 $U(t) = T(t) - T_0(t)$ 为拟紧的，则

$$W_{\mathrm{ess}}(\boldsymbol{A}) \leqslant W(\boldsymbol{A}_0) \tag{2-18}$$

定理 2.1.15 设 $\boldsymbol{T} = \{T(t)\}_{t\geqslant 0}$ 是巴拿赫空间 X 上的拟紧半群，生成元为 $\boldsymbol{A}$，则 $\{\lambda \in \alpha(\boldsymbol{A}) \mid \mathrm{Re}\lambda \leqslant 0\}$ 是有限集（可能为空集）且仅含代数重数有限的极点.

记具有非负实部的特征值 $\lambda_1, \lambda_2, \cdots, \lambda_m$ 相应的投影为 $P_1, P_2, \cdots, P_m$，且极点的阶分别为 $k(1), k(2), \cdots, k(m)$，则有

$$T(t) = T_1(t) + T_2(t) + \cdots + T_m(t) + R(t)$$

对适当的 $\varepsilon > 0, c \geqslant 0$，$\| R(t) \| \leqslant c \cdot \mathrm{e}^{-\varepsilon t}$，其中，

$$T_i(t) = T(t)\boldsymbol{P}_i = \mathrm{e}^{\lambda_i t} \sum_{j=0}^{k(i)-1} \frac{1}{j!} t^j (\boldsymbol{A} - \lambda_i)^j \boldsymbol{P}_i, t \geqslant 0 \quad (i = 1, 2, \cdots, m)$$

定理 2.1.16 设 M 是局部凸豪斯多夫空间 X 上的一个有限维子空间，则存在一个 M 到 X 上连续投影算子 $\boldsymbol{P}$，使得对任何 $\boldsymbol{x} \in X$，有

$$\boldsymbol{Px} = \sum_{i=1}^{n} x_i^*(x) x_i$$

其中，$x_1, x_2, \cdots, x_n$ 是 M 的一组基，$x_i^* \in X^*$，满足 $x_i^*(x_i) = 1$ 且 $x_i^*(x) = 0,\ \forall x \in M_i = \mathrm{span}\{x_1, \cdots, x_{i-1}, x_{i+1}, \cdots, x_n\}$.

2.2 抽象柯西问题

设 X 是巴拿赫空间，$A:D(A)\subseteq X\to X$ 是一个线性算子，称下面的微分方程初值问题为抽象柯西问题：

$$\frac{\mathrm{d}\boldsymbol{u}(t)}{\mathrm{d}t}=\boldsymbol{A}\boldsymbol{u}(t),\boldsymbol{u}(0)=\boldsymbol{x} \tag{2-19}$$

抽象柯西问题简记为 ACP，方程解的存在唯一性问题也称为适定性问题.

定理 2.2.1　设 $\boldsymbol{A}$ 是一个具有非空预解集 $\rho(A)$ 的稠定义的线性算子. 对每一个初值 $\boldsymbol{x}\in D(\boldsymbol{A})$，式（2-19）在 $[0,\infty)$ 上有唯一的连续可微解 $u(t)$，当且仅当 $\boldsymbol{A}$ 是一个 C_0 半群 $T(t)$ 的无穷小生成元.

证明　一方面，如果 $\boldsymbol{A}$ 是一个 C_0 半群 $T(t)$ 的无穷小生成元，则由定理 2.1.4 可知，对每一个 $\boldsymbol{x}\in D(\boldsymbol{A})$，$T(t)\boldsymbol{x}$ 是式（2-19）的唯一解，而 $T(t)\boldsymbol{x}$ 对于 $0\leqslant t<\infty$ 是连续可微的. 另一方面，如果式（2-19）对每一个初值 $x\in D(\boldsymbol{A})$ 在 $[0,\infty)$ 上有唯一的连续可微解，则将看到 $\boldsymbol{A}$ 是一个 C_0 半群 $T(t)$ 的无穷小生成元. 现假设对每一个 $\boldsymbol{x}\in D(\boldsymbol{A})$，初值问题（2-19）在 $[0,\infty)$ 上有唯一的连续可微解，用 $\boldsymbol{u}(t;\boldsymbol{x})$ 表示.

对于 $\boldsymbol{x}\in D(\boldsymbol{A})$ 定义图像范数 $|\boldsymbol{x}|_G=\|\boldsymbol{x}\|+\|\boldsymbol{A}\boldsymbol{x}\|$，因为 $\rho(\boldsymbol{A})\neq\varnothing$，所以 $\boldsymbol{A}$ 是闭的. 因此赋予图像范数的 $D(\boldsymbol{A})$ 是一个巴拿赫空间，记 $[D(\boldsymbol{A})]$. 设 X_{t_0} 是映射 $[0,t_0]$ 到 $[D(\boldsymbol{A})]$ 内的连续函数具有上确界范数的巴拿赫空间. 对于 $0\leqslant t\leqslant t_0$，由 $S\boldsymbol{x}=\boldsymbol{u}(t;\boldsymbol{x})$ 定义的映像 $S:[D(\boldsymbol{A})]\to X_{t_0}$ 及式（2-19）的线性和解的唯一性，S 显然是定义在整个 $[D(\boldsymbol{A})]$ 上的线性算子. 算子 S 是闭的. 如果在 $[D(\boldsymbol{A})]$ 中 $x_n\to\boldsymbol{x}$ 和在 X_{t_0} 中 $Sx_n\to\boldsymbol{v}$，则由 $\boldsymbol{A}$ 的闭性和

$$\boldsymbol{v}(t;x_n)=x_n+\int_0^t \boldsymbol{A}u(\tau;x_n)\mathrm{d}\tau$$

可知，当 $n\to\infty$ 时，

$$\boldsymbol{v}(t)=\boldsymbol{x}+\int_0^t \boldsymbol{A}\boldsymbol{v}(\tau)\mathrm{d}\tau$$

由此推出 $\boldsymbol{v}(t)=\boldsymbol{u}(t;\boldsymbol{x})$ 和 S 是闭的. 由闭图像定理可知，S 是有界的，且

$$\sup_{0\leqslant t\leqslant t_0}|\boldsymbol{u}(t,\boldsymbol{x})|_G\leqslant G|\boldsymbol{x}|_G \tag{2-20}$$

现在用 $T(t)\boldsymbol{x}=\boldsymbol{u}(t;\boldsymbol{x})$ 定义一个映像 $T(t):[D(\boldsymbol{A})]\to[D(\boldsymbol{A})]$. 从式（2-19）解的唯一性推出 $T(t)$ 有半群性质，而从式（2-20）得知 $T(t)$ 对于 $0\leqslant t\leqslant t_0$ 是一致有界的，这就推出 $T(t)$ 能通过 $T(t)\boldsymbol{x}=T(t-nt_0)T(t_0)^n\boldsymbol{x},nt_0\leqslant t<(n_0+1)t$ 延拓成 $[D(\boldsymbol{A})]$ 上的一个半群，并满足 $|T(t)\boldsymbol{x}|_G\leqslant M\mathrm{e}^{\omega t}|\boldsymbol{x}|_G$.

以下证明

$$T(t)\boldsymbol{A}\boldsymbol{y}=\boldsymbol{A}T(t)\boldsymbol{y} \tag{2-21}$$

对于 $\boldsymbol{y}\in D(\boldsymbol{A}^2)$ 成立. 令 $\boldsymbol{v}(t)=\boldsymbol{y}+\int_0^t \boldsymbol{u}(s;\boldsymbol{A}y)\mathrm{d}s$，有

$$v'(t)=u(t;Ay)=Ay+\int_0^t \frac{\mathrm{d}}{\mathrm{d}s}u(s;Ay)\mathrm{d}s$$
$$=A\left[y+\int_0^t u(s;Ay)\mathrm{d}s\right]=Av(t) \tag{2-22}$$

因为$\boldsymbol{v}(0)=\boldsymbol{y}$，所以由式（2-19）解的唯一性有$\boldsymbol{v}(t)=\boldsymbol{u}(t;\boldsymbol{y})$，因此$\boldsymbol{A}\boldsymbol{u}(t;\boldsymbol{y})=\boldsymbol{v}'(t)=\boldsymbol{u}(t;\boldsymbol{A}\boldsymbol{y})$，从而可得式（2-21）.

因为$D(\boldsymbol{A})$在$\boldsymbol{X}$中稠密，且假设$\rho(\boldsymbol{A})\neq\varnothing$，所以$D(\boldsymbol{A}^2)$在$\boldsymbol{X}$中稠密. 设$\lambda_0\in\rho(\boldsymbol{A})$，$\lambda_0\neq 0$是固定的，又设$\boldsymbol{y}\in D(\boldsymbol{A}^2)$，如果$\boldsymbol{x}=(\lambda_0\boldsymbol{I}-\boldsymbol{A})\boldsymbol{y}$，则由式（2-21）可知$T(t)\boldsymbol{x}=(\lambda_0\boldsymbol{I}-\boldsymbol{A})T(t)\boldsymbol{y}$，因此

$$\|T(t)\boldsymbol{x}\|=\|(\lambda_0\boldsymbol{I}-\boldsymbol{A})T(t)\boldsymbol{y}\|\leqslant C\,|T(t)\boldsymbol{y}|_G\leqslant C_1\mathrm{e}^{\omega t}\,|\boldsymbol{y}|_G$$

又由

$$|\boldsymbol{y}|_G=\|\boldsymbol{y}\|+\|\boldsymbol{A}\boldsymbol{y}\|\leqslant C_2\|\boldsymbol{x}\|$$

推出

$$\|T(t)\boldsymbol{x}\|\leqslant C_2\mathrm{e}^{\omega t}\|\boldsymbol{x}\|$$

根据连续性$T(t)$能延拓到整个$\boldsymbol{X}$. 经过这种延拓后，$T(t)$成为$\boldsymbol{X}$上一个C_0半群. 为了完成证明，必须证明 $\boldsymbol{A}$ 是$T(t)$的无穷小生成元. 以$\boldsymbol{A}_1$表示$T(t)$的无穷小生成元，如果$\boldsymbol{x}\in D(\boldsymbol{A})$，则由$T(t)$的定义有$T(t)\boldsymbol{x}=\boldsymbol{u}(t;\boldsymbol{x})$，因此由假设可知

$$\frac{\mathrm{d}}{\mathrm{d}t}T(t)\boldsymbol{x}=\boldsymbol{A}T(t)\boldsymbol{x}$$

对于$t\geqslant 0$成立. 特别地，$\frac{\mathrm{d}}{\mathrm{d}t}T(t)\boldsymbol{x}|_{t=0}=\boldsymbol{A}\boldsymbol{x}$，因此$\boldsymbol{A}_1\supset\boldsymbol{A}$.

设$\mathrm{Re}\,\lambda>\omega$，$\boldsymbol{y}\in D(\boldsymbol{A}^2)$，由式（2-21）和$\boldsymbol{A}_1\supset\boldsymbol{A}$得

$$\mathrm{e}^{-\lambda t}\boldsymbol{A}T(t)\boldsymbol{y}=\mathrm{e}^{-\lambda t}T(t)\boldsymbol{A}\boldsymbol{y}=\mathrm{e}^{-\lambda t}T(t)\boldsymbol{A}_1\boldsymbol{y} \tag{2-23}$$

对式（2-23）从 0 到∞积分，得

$$\boldsymbol{A}R(\lambda;\boldsymbol{A}_1)\boldsymbol{y}=R(\lambda;\boldsymbol{A}_1)\boldsymbol{A}_1\boldsymbol{y} \tag{2-24}$$

但是$\boldsymbol{A}_1R(\lambda;\boldsymbol{A}_1)\boldsymbol{y}=R(\lambda;\boldsymbol{A}_1)\boldsymbol{A}_1\boldsymbol{y}$，因此$\boldsymbol{A}R(\lambda;\boldsymbol{A}_1)\boldsymbol{y}=\boldsymbol{A}_1R(\lambda;\boldsymbol{A}_1)\boldsymbol{y}$对每一个$\boldsymbol{y}\in D(\boldsymbol{A}^2)$成立. 因为$\boldsymbol{A}_1R(\lambda;\boldsymbol{A}_1)\boldsymbol{y}$是一致有界的，$\boldsymbol{A}$是闭的，且$D(\boldsymbol{A}^2)$在$X$中稠密，所以对每一个$\boldsymbol{y}\in X$，$\boldsymbol{A}R(\lambda;\boldsymbol{A}_1)\boldsymbol{y}=\boldsymbol{A}_1R(\lambda;\boldsymbol{A}_1)\boldsymbol{y}$，由此推出$D(\boldsymbol{A})\supset R(\lambda;\boldsymbol{A}_1)$的值域为$D(\boldsymbol{A}_1)$，且$\boldsymbol{A}=\boldsymbol{A}_1$.

定理 2.2.2 若$\boldsymbol{A}$是一个可微半群的无穷小生成元，则对每一个$\boldsymbol{x}\in X$，初值问题（2-19）有唯一解.

小　结

本章列出了线性算子半群相关理论的一些基本结果，这是可靠性数学研究的基础，也是发展较为完善的部分. 实际上，这些内容在相关的线性算子半群书籍或文献中都可以找到，本章主要参考文献[113]～[120].

第 3 章　可修复系统模型基础

可修复系统是可靠性理论和可靠性数学主要的研究对象. 以往描述一个可修复系统往往很困难，它受到修复时间、故障时间、维修方法等诸多随机因素的影响. 对于这种情况，现在一般可以通过增补变量的方法建立马尔科夫型可修复系统模型.

3.1　马尔科夫过程

具有无后效性的随机过程称为马尔科夫过程，简称马氏过程. 这里的无后效性指的是当系统在时刻 t_m 所处的状态为已知时，系统在大于时刻 t_m 的时刻 t 所处状态的概率特性只与系统在时刻 t_m 所处的状态有关，而与系统在时刻 t_m 以前的状态无关. 例如，部件工作时存在正常和故障两种状态. 由于出现故障带有随机性，故可将部件的运行看作一个状态随时间变化的随机系统. 可以认为，部件以后的状态只与目前的状态有关，而与过去的状态无关，即具有无后效性. 因此，部件的运行可作为马尔科夫过程.

3.1.1　马尔科夫链

若马尔科夫过程的状态空间是离散集合，则称为马尔科夫链. 例如，如果系统开始处于状态 1，则一个时间间隔后，系统可能以 $\frac{1}{2}$ 的概率停留在状态 1，或者以 $\frac{1}{2}$ 的概率转移到状态 2，即这时系统状态 1 出现的概率是 $\frac{1}{2}$，状态 2 出现的概率也是 $\frac{1}{2}$；如果系统处于状态 2，则在一个时间间隔后，系统可能以 $\frac{3}{5}$ 的概率停留在状态 2，或者以 $\frac{2}{5}$ 的概率转移到状态 1，即这时系统状态 1 出现的概率是 $\frac{2}{5}$，状态 2 出现的概率是 $\frac{3}{5}$，如图 3-1 所示.

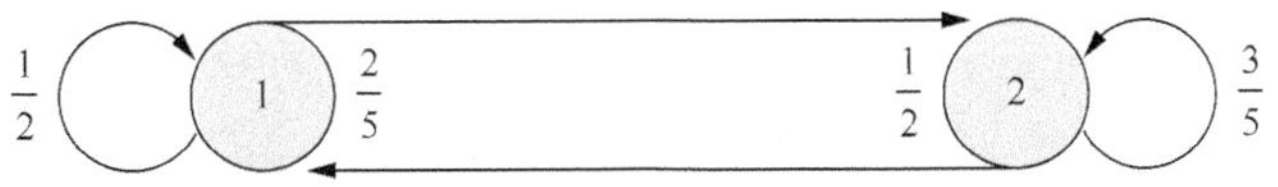

图 3-1　状态转移图

上述马尔科夫链可以分成两个状态，从任意一个状态出发，经过任意一次转移，必然出现状态 1、2 中的一个，这种状态之间的转移称为转移概率. 马尔科夫链分析中最重要的问题就是确定由转移概率构成的矩阵.

1. 状态转移概率矩阵

若系统共有 n 个状态，由状态 S_i 经过一步转移到状态 S_j 的概率为 p_{ij}，则称

$$P=(p_{ij})_{n\times n}=\begin{pmatrix} p_{11} & p_{12} & \cdots & p_{1n} \\ p_{21} & p_{22} & \cdots & p_{2n} \\ \vdots & \vdots & & \vdots \\ p_{n1} & p_{n2} & \cdots & p_{nn} \end{pmatrix}$$

为状态转移概率矩阵. 状态转移概率矩阵是一个 n 阶方阵，它满足概率矩阵的一般性质，即有

$$0\leqslant p_{ij}\leqslant 1 \quad (i,j=1,2,\cdots,n)$$

同行元素之和为 1，即

$$\sum_{j=1}^{n} p_{ij}=1 \quad (i=1,2,\cdots,n)$$

满足这两个性质的行向量称为概率向量. 状态转移矩阵的所有行向量均为概率向量；反之，所有概率向量组成的矩阵为概率矩阵.

1 步转移矩阵，1 个步长后，系统状态的改变记为 $\{p_{ij}(\Delta)\}$ 或 p_{ij}.

n 步转移矩阵，n 个步长后，系统状态的改变记为 $\{p_{ij}(n\Delta)\}$ 或 $p_{ij}^{(n)}$.

其中，$p_{ij}(n\Delta)$ 表示系统从状态 S_i 出发，经过 n 步转移，到达状态 S_j 的概率. 在随机过程中，有以下结论：

1）$p_{ij}(n\Delta)=p_{ij}((n-1)\Delta)\cdot p_{ij}(\Delta)$ 或 $p_{ij}^{(n)}=p_{ij}^{(n-1)}\cdot p_{ij}$.

2）$p_{ij}^{(n)}=(p_{ij})^{n}$.

系统的 n 步转移矩阵可以由 n-1 步转移矩阵乘以上一步转移矩阵求得，也可由 1 步转移矩阵的 n 次方求得. 在马尔科夫链中，已知系统的 1 步转移概率和系统的初始状态，就可推断系统在任意时刻所处的可能状态.

2. 正规概率矩阵

一个概率矩阵 $\boldsymbol{P}$，若它的某次方 $\boldsymbol{P}^m$ 的原有元素都为正数，且没有零元素存在，则称其为正规概率矩阵. 例如，

$$\boldsymbol{P}=\begin{pmatrix} \frac{1}{2} & \frac{1}{4} & \frac{1}{4} \\ \frac{1}{3} & \frac{1}{3} & \frac{1}{3} \\ \frac{2}{5} & \frac{1}{5} & \frac{1}{5} \end{pmatrix}$$

是一个正规概率矩阵. 又如，

$$\boldsymbol{P}=\begin{pmatrix}0 & 1\\ \frac{1}{2} & \frac{1}{2}\end{pmatrix}$$

虽非所有元素都大于 0，但

$$\boldsymbol{P}^2=\begin{pmatrix}0 & 1\\ \frac{1}{2} & \frac{1}{2}\end{pmatrix}^2=\begin{pmatrix}\frac{1}{2} & \frac{1}{2}\\ \frac{1}{4} & \frac{3}{4}\end{pmatrix}$$

所以 $\boldsymbol{P}$ 是一个正规概率矩阵. 再如，

$$\boldsymbol{P}=\begin{pmatrix}1 & 0\\ 0 & 1\end{pmatrix}$$

不是正规概率矩阵，因为没有一个数 m，使得 $\boldsymbol{P}^m$ 的每一个元素都大于 0.

3. 固定概率向量

任一非零概率向量 $\boldsymbol{U}=(U_1,U_2,\cdots,U_n)$ 乘以概率矩阵 $\boldsymbol{P}_{n\times n}$ 后，其结果仍为 $\boldsymbol{U}$，即

$$\boldsymbol{UP}=\boldsymbol{U}$$

则称 $\boldsymbol{U}$ 为 $\boldsymbol{P}$ 的固定概率向量. 例如，

$$\boldsymbol{U}=\left(\frac{1}{2},\frac{1}{2}\right),\quad \boldsymbol{P}=\begin{pmatrix}1 & 0\\ 0 & 1\end{pmatrix}$$

所以 $\boldsymbol{U}$ 是 $\boldsymbol{P}$ 的一个固定概率向量.

设 $\boldsymbol{P}$ 为正规概率矩阵，则具有以下性质：

1） $\boldsymbol{P}$ 恰有一个固定概率向量 $\boldsymbol{U}$，且 $\boldsymbol{U}$ 的所有元素都是正数.

2） $\boldsymbol{P}$ 的各次方组成的序列，$\boldsymbol{P},\boldsymbol{P}^2,\boldsymbol{P}^3,\cdots$ 趋近于方阵 $\boldsymbol{T}$，且 $\boldsymbol{T}$ 的每一个行向量都是固定概率向量 $\boldsymbol{U}$.

若马尔科夫链的状态转移矩阵为正规概率矩阵，当转移步数 n 足够大时，转移概率矩阵将趋向某一稳态概率矩阵，即

$$\lim_{n\to\infty}\boldsymbol{P}^{(n)}=\boldsymbol{T}$$

此时，$\boldsymbol{T}$ 为稳态概率矩阵.

3.1.2 时齐马尔科夫过程

设 $\{X(t),t\geqslant 0\}$ 是取值在 $E=\{0,1,\cdots\}$ 或 $E=\{0,1,\cdots,N\}$ 上的一个随机过程. 若对任意自然数 n 及任意 n 个时刻 $0\leqslant t_1<t_2<\cdots<t_n$ 均有

$$\begin{aligned}P\{X(t_n)=i_n\mid X(t_1)=i_1,X(t_2)=i_2,\cdots,X(t_{n-1})=i_{n-1}\}\\ =P\{X(t_n)=i_n\mid X(t_{n-1})=i_{n-1}\}\quad (i_1,i_2,\cdots,i_n\in E)\end{aligned}$$

则称 $\{X(t),t\geqslant 0\}$ 为离散状态空间 E 上的连续时间马尔科夫过程. 如果对任意 $t\geqslant 0,u\geqslant 0$ 均有

$$P\{X(t+u)=j\mid X(u)=i\}=p_{ij}(t)\quad (i,j\in E)$$

与 u 无关，则称马尔科夫过程 $\{X(t),t\geqslant 0\}$ 是时齐的. 对固定的 $i,j\in E$，函数 $p_{ij}(t)$ 称为转移概率函数. $\boldsymbol{P}(t)=(p_{ij}(t))$ 称为转移概率矩阵. 假定马尔科夫过程 $\{X(t),t\geqslant 0\}$ 的转移概率函数满足

$$\lim_{t\to 0} p_{ij}(t)=\delta_{ij}=\begin{cases}1, & i=j\\ 0, & i\neq j\end{cases}$$

则对转移概率函数，有以下性质：

$$\begin{cases}\sum\limits_{j\in E} p_{ij}(t)=1\\ p_{ij}(t)\geqslant 0\\ \sum\limits_{k\in E} p_{ik}(u)p_{kj}(v)=p_{ij}(u+v)\end{cases}$$

若令

$$p_j(t)=P\{X(t)=j\}, j\in E$$

表示时刻 t 系统处于状态 j 的概率，则有

$$p_j(t)=\sum_{k\in E} p_k(0)p_{kj}(t)$$

时齐马尔科夫过程有如下重要性质：

1）对有限状态空间 E 的时齐马尔科夫过程，以下极限

$$\begin{cases}\lim\limits_{t\to\infty}\dfrac{p_{ij}(\Delta t)}{\Delta t}=q_{ij}, & i\neq j,\ i,j\in E\\ \lim\limits_{t\to\infty}\dfrac{1-p_{ij}(\Delta t)}{\Delta t}=q_i, & i\in E\end{cases}$$

存在且有限.

2）若记 $T_1,T_2,\cdots$ 为过程 $\{X(t),t\geqslant 0\}$ 的状态转移时刻（$0=T_0\leqslant T_1<T_2<\cdots$），则 $X(T_n)$ 表示第 n 次状态转移后所处的状态. 若 $X(T_n)=i$，则 $T_{n+1}-T_n$ 为过程在状态 i 的逗留时间，有如下结论：对任意 $i,j\in E$，$u\geqslant 0$，有

$$P\{T_{n+1}-T_n>u\mid X(T_n)=i,X(T_{n+1})=j\}=\mathrm{e}^{-q_i u}\quad (n=0,1,\cdots)$$

该式与 n 和状态 j 无关. 因此有限状态空间的时齐马尔科夫过程在任何状态 i 的逗留时间遵从参数 q_i 的指数分布 $(0\leqslant q_i<\infty)$，不依赖于下一个将要转入的状态. 若 $q_i>0$，则称状态 i 为稳定态；若 $q_i=0$，则称状态 i 为吸收态.

实际中的不可修系统中，当进入某些状态后系统就不再发生向其他状态的转移，例如，进入失效状态，就意味着任务的结束. 这种一旦进入就不再向外转移的状态就是吸收态.

3）对有限状态空间 E 的时齐马尔科夫过程 $\{X(t),t\geqslant 0\}$，记 $N(t)=(0,t]$ 为马尔科夫过程 $\{X(t),t\geqslant 0\}$ 中发生状态转移的次数，有以下结论成立：对充分小的 $\Delta t>0$，有

$$P\{N(t+\Delta t)-N(t)\geqslant 2\}=o(\Delta t)$$

即在 $(t,t+\Delta t]$ 中马尔科夫过程 $\{X(t),t\geqslant 0\}$ 发生两次或两次以上转移的概率为 $o(\Delta t)$.

4）对于任意 $i,j\in E$，若 $\lim\limits_{t\to 0} p_{ij}(t)=q_{ij}$，则有

$$\lim_{t\to\infty} p_{ij}(t) = \pi_j$$

存在. 对任意的 $i \in E$，有 $\lim\limits_{t\to\infty} p_i'(t) = 0$. 对于状态空间有限的齐次马尔科夫过程，若 $\sum\limits_{k\in E} p_k(0) = 1$，则有

$$\lim_{t\to\infty} p_i(t) = \sum_{k\in E} p_k(0) \lim_{t\to\infty} p_{ki}(t) = \pi_i$$

且 $\sum\limits_{i\in E} \pi_i = 1$. 即当时间无限大，过程处于状态 i 的概率将趋于一个常数.

图 3-2 所示为状态转移图. 其中，S_1 为正常状态，S_2 为故障状态，其失效率 λ 与修复率 μ 均为常数，可以写出马尔科夫过程的矩阵 $\boldsymbol{P}(\Delta t)$ 为一微分系数矩阵，即

$$\boldsymbol{P}(\Delta t) = \begin{pmatrix} 1-\lambda\Delta t & \lambda\Delta t \\ \mu\Delta t & 1-\mu\Delta t \end{pmatrix}$$

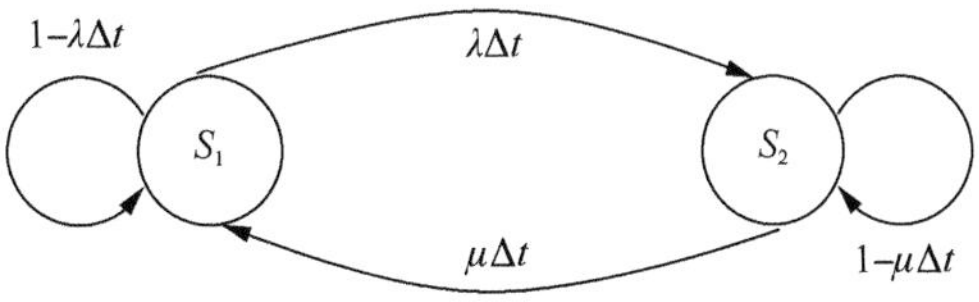

图 3-2　状态转移图

假定 $S_1 = 1$ 表示系统处于正常状态，$S_2 = 0$ 表示系统处于故障状态. 由微分系数矩阵可以写出

$$\boldsymbol{P}_{11}(\Delta t) = P\{X(t+\Delta t) = 1 \mid X(t) = 1\} = 1 - \lambda\Delta t + o(\Delta t)$$
$$\boldsymbol{P}_{12}(\Delta t) = P\{X(t+\Delta t) = 0 \mid X(t) = 1\} = \lambda\Delta t + o(\Delta t)$$
$$\boldsymbol{P}_{21}(\Delta t) = P\{X(t+\Delta t) = 1 \mid X(t) = 0\} = \mu\Delta t + o(\Delta t)$$
$$\boldsymbol{P}_{22}(\Delta t) = P\{X(t+\Delta t) = 0 \mid X(t) = 0\} = 1 - \mu\Delta t + o(\Delta t)$$

式中，$o(\Delta t)$ 为一高阶无穷小项，表示在 $(t, t+\Delta t]$ 中，基本上不会发生两次或两次以上转移的概率，令

$$\boldsymbol{P}_1(t) = P\{X(t) = 1\}, \boldsymbol{P}_2(t) = P\{X(t) = 0\}$$

利用全概率公式可得

$$\boldsymbol{P}_1(t+\Delta t) = \boldsymbol{P}_1(t)\boldsymbol{P}_{11}(\Delta t) + \boldsymbol{P}_2(t)\boldsymbol{P}_{21}(\Delta t) = (1-\lambda\Delta t)\boldsymbol{P}_1(t) + \mu\Delta t\boldsymbol{P}_2(t)$$
$$\boldsymbol{P}_2(t+\Delta t) = \boldsymbol{P}_1(t)\boldsymbol{P}_{12}(\Delta t) + \boldsymbol{P}_2(t)\boldsymbol{P}_{22}(\Delta t) = \lambda\Delta t\boldsymbol{P}_1(t) + (1-\mu\Delta t)\boldsymbol{P}_2(t)$$

由

$$\lim_{\Delta t\to 0} \frac{\boldsymbol{P}_1(t+\Delta t) - \boldsymbol{P}_1(t)}{\Delta t} = \boldsymbol{P}_1'(t)$$
$$\lim_{\Delta t\to 0} \frac{\boldsymbol{P}_2(t+\Delta t) - \boldsymbol{P}_2(t)}{\Delta t} = \boldsymbol{P}_2'(t)$$

可得出如下微分方程组：

$$\boldsymbol{P}_1'(t) = -\lambda\boldsymbol{P}_1(t) + \mu\boldsymbol{P}_2(t)$$
$$\boldsymbol{P}_2'(t) = \lambda\boldsymbol{P}_1(t) - \mu\boldsymbol{P}_2(t)$$
$$(\boldsymbol{P}_1'(t), \boldsymbol{P}_2'(t)) = (\boldsymbol{P}_1(t), \boldsymbol{P}_2(t))\begin{pmatrix} -\lambda & \lambda \\ \mu & -\mu \end{pmatrix}$$

$\begin{pmatrix} -\lambda & \lambda \\ \mu & -\mu \end{pmatrix}$是状态方程系数矩阵.

3.1.3 更新过程

设 $X_1, X_2, \cdots$ 是独立同分布的非负随机变量序列，它们的分布函数为 $F(t)$，均值为 μ，且满足 $P\{X_n = 0\} < 1$. 令

$$S_0 = 0$$
$$S_n = X_1 + X_2 + \cdots + X_n \quad (n = 1, 2, \cdots)$$

是随机变量的部分和. 显然

$$P\{S_n \leqslant t\} = F^{(n)}(t) \quad (n = 0, 1, 2, \cdots)$$

式中，$F^{(n)}(t)$ 是 $F(t)$ 的 n 重卷积，并有

$$F^{(0)}(t) = \begin{cases} 1, & t \geqslant 0 \\ 0, & t < 0 \end{cases}$$

令

$$N(t) = \sup\{n : S_n \leqslant t\}$$

$\{N(t), t \geqslant 0\}$ 是一个取非负整数值的随机过程，称为由随机变量序列 $X_1, X_2, \cdots$ 所产生的更新过程，称 X_n 为更新寿命，称 S_n 为更新时刻（再生点）. 显然，$N(t)$ 表示 $(0, t]$ 时间内的更新次数.

例如，在一个需要连续照明的地方，时刻 0 安上一个新的灯泡. 当正在使用的灯泡失效时，立即用一个新的灯泡去替换. 假定所有灯泡寿命 U_n 独立同分布，灯泡替换时间 V_n 独立同分布. 令 $X_n = U_n + V_n$，可由 $N(t) = \sup\{n : S_n \leqslant t\}$ 产生一个更新过程 $\{N(t), t \geqslant 0\}$，其中 $N(t)$ 表示 $(0, t]$ 中灯泡更新次数，S_n 表示第 n 次灯泡更新时刻.

显然，随机事件 $\{N(t) \geqslant k\}$ 和 $\{S_k \leqslant t\}$ 是等价的. 因此，经常将部分和过程 $\{S_n, n \geqslant 0\}$ 也称为更新过程.

由于

$$\{N(t) = k\} = \{S_k \leqslant t < S_{k+1}\} \quad (k = 0, 1, \cdots)$$

因而可得

$$P\{N(t) = K\} = P\{S_k \leqslant t\} - P\{S_{k+1} \leqslant t\} = F^{(k)}(t) - F^{(k+1)}(t) \quad (k = 0, 1, \cdots)$$

结合上式，得 $(0, t]$ 内平均更新次数为

$$M(t) = E\{N(t)\} = \sum_{k=1}^{\infty} kP\{N(t) = k\} = \sum_{k=1}^{\infty} F^{(k)}(t)$$

称 $M(t)$ 为更新函数. $M(t)$ 的拉普拉斯变换为

$$\hat{M}(s) = \int_0^{\infty} \mathrm{e}^{-st} \mathrm{d}M(t) = \sum_{k=1}^{\infty} [\hat{F}(s)]^k = \frac{\hat{F}(s)}{1 - \hat{F}(s)} \quad (s > 0)$$

在 $P\{X_n = 0\} < 1$ 的条件下，必有 $M(t) < \infty$，对任意 $t \geqslant 0$. 然而，当 $P\{X_n = 0\} = 1$ 时，得到的更新过程没有什么意义. 因而在讨论更新过程时总假定 $P\{X_n = 0\} < 1$ 的条件成立. 如果 $F(t)$ 存在密度函数 $f(t)$，则 $M(t)$ 可微，且

$$m(t)=\frac{\mathrm{d}}{\mathrm{d}t}M(t)=\sum_{k=1}^{\infty}f^{(k)}(t)$$

式中，$f^{(k)}(t)$ 是密度函数 $f(t)$ 的 k 重卷积，有

$$\begin{cases} f^{(2)}(t)=\int_0^t f(t-u)f(u)\mathrm{d}u \\ f^{(k)}(t)=\int_0^t f^{(k-1)}(t-u)f(u)\mathrm{d}u \quad (k=3,4,\cdots) \end{cases}$$

称 $m(t)$ 为更新密度.

3.1.4 马尔科夫更新过程

设随机变量 Z_n 取值在 $E=\{0,1,\cdots,K\}$ 中，而随机变量 T_n 取值在 $[0,\infty)$ 中，$n=0,1,\cdots$，其中 $0=T_0\leqslant T_1\leqslant T_2\leqslant\cdots$. 随机过程 $(Z,T)=\{Z_n,T_n,n=0,1,\cdots\}$ 称为状态空间 E 上的马尔科夫更新过程，如果对所有 $n=0,1,\cdots$，$j\in E$，$t\geqslant 0$，都有

$$P\{Z_{n+1}=j,T_{n+1}-T_n\leqslant t\mid Z_0,Z_1,\cdots,Z_n,T_0,T_1,\cdots,T_n\}=P\{Z_{n+1}=j,T_{n+1}-T_n\leqslant t\mid Z_n\}$$

又如果对所有 i，$j\in E$，$t\geqslant 0$，都有

$$P\{Z_{n+1}=j,T_{n+1}-T_n\leqslant t\mid Z_n=i\}=Q_{ij}(t)$$

与 n 无关，则称 (Z,T) 是时齐的. 称 $\{Q_{ij}(t),i,j\in E\}$ 为半马尔科夫核. 这组成一个矩阵 $Q(t)=(Q_{ij}(t))$. 显然，

$$\lim_{t\to\infty}Q_{ij}(t)=P\{Z_{n+1}=j\mid Z_n=i\}=p_{ij}<1$$

$Q_{ij}(t)$ 具有分布函数的所有性质. 易证

$$p_{ij}\geqslant 0,\ \sum_{j\in E}p_{ij}=1$$

记 $\boldsymbol{P}=(p_{ij})$ 为所组成的矩阵.

若 (Z,T) 是时齐马尔科夫更新过程，由定义立即可得以下定理.

定理 3.1.1 $\{Z_n,n\geqslant 0\}$ 是状态空间 E 上具有转移概率矩阵 $\boldsymbol{P}$ 的马尔科夫链. 引进

$$G_{ij}(t)=\frac{Q_{ij}(t)}{P_{ij}} \quad (i,\ j\in E,\ t\geqslant 0)$$

（当 $p_{ij}=0$ 时，约定 $G_{ij}(t)=1$）. 此时，对每对 (i,j)，$G_{ij}(t)$ 是一个分布函数，有

$$G_{ij}(t)=P\{T_{n+1}-T_n\leqslant t\mid Z_n=i,Z_{n+1}=j\}$$

定理 3.1.2 对任意 $n\geqslant 1$，$t_1,t_2,\cdots,t_n\geqslant 0$，有

$$P\{T_1-T_0\leqslant t_1,\cdots,T_n-T_{n-1}\leqslant t_n\mid Z_0,Z_1,\cdots,Z_n\}=G_{Z_0Z_1}(t_1)G_{Z_1Z_2}(t_2)\cdots G_{Z_{n-1}Z_n}(t_n)$$

即给定马尔科夫链 $Z_0,Z_1,\cdots$ 的条件下，增量 $T_1-T_0,T_2-T_1,\cdots$ 条件独立，且 $T_{n+1}-T_n$ 的分布只依赖于 Z_n 和 Z_{n+1}.

若令

$$X(t)=Z_n \quad (T_n\leqslant t\leqslant T_{n+1})$$

则称 $\{X(t),t\geqslant 0\}$ 是与马尔科夫更新过程 (Z,T) 相联系的半马尔科夫过程. $X(t)$ 可以看成是过程在时刻 t 所处的状态. 过程在时刻 $T_1,T_2,\cdots$ 发生状态转移. 在时刻 T_n 转入状态 Z_n，

在状态 Z_n 的逗留时间长为 $T_{n+1}-T_n$，它的分布依赖于正在访问的状态 Z_n 和下一步要访问的状态 Z_{n+1}. 相继访问的状态 $\{Z_n, n\geqslant 0\}$ 组成一个马尔科夫链. 在已知 $Z_n(n=0,1,2,\cdots)$ 的条件下，相继的状态逗留时间是条件独立的.

在马尔科夫过程中，在每个状态的逗留时间遵从指数分布. 由于指数分布无记忆性，故任一时刻 t 都是过程的再生点，也就是说在任一时刻 t 都具有马尔科夫性. 所谓再生点，是指这样的时刻，在已知这一时刻过程所处的状态条件下，过程将来发展的概率规律与过去的历史无关. 在半马尔科夫过程的情形下，逗留时间的分布为一般分布. 因此不是所有时刻 t 都是过程的再生点，而只有在状态转移时刻（通常是随机的）是再生点，在这些时刻点上具有马尔科夫性.

当所有 $G_{ij}(t)$ 是指数分布时，半马尔科夫过程 $\{X(t), t\geqslant 0\}$ 成为马尔科夫过程. 当过程的状态空间只有一个状态时，$E=\{0\}$，则 $\{T_{n+1}-T_n, n=0,1,2,\cdots\}$ 是独立同分布随机变量序列，在这个特殊情形下，马尔科夫更新过程成为更新过程.

3.2 补充变量法

补充变量法就是对非马尔科夫系统引入补充变量，使其变为广义的马尔科夫过程. 例如，有一个部件交替处于正常与故障状态的时间 X,Y 服从一般分布 $F(t),G(t)$. 假设部件处于这两种状态的时间是独立的，部件状态时间的变化可以用随机过程 $v(t)$ 描述：

$$v(t)=\begin{cases}0, & t\text{ 时刻部件正常}\\ 1, & t\text{ 时刻部件故障}\end{cases}$$

易见此过程是非马尔科夫过程. 将此过程变为马尔科夫过程只要引入补充变量即可. 现在介绍引入补充变量的两种方法.

1）令 $\xi(t)$ 为过程 $v(t)$ 从上次状态转移时刻到时刻 t 的时间. 如果 $(0,t)$ 内没有状态转移，则 $\xi(t)=t$.

二维随机过程 $\zeta(t)=(v(t),\xi(t))$ 是马尔科夫过程. 事实上，在已知 $(v(t),\xi(t))=(i,x)$ 时，在时刻 t 后部件的性态就是过程 $v(t)$ 的状态，是由状态转移时刻 $t_n>t(n=1,2,\cdots)$ 递增的序列集合决定的. 如果给定 t_n-t，则可得变量 $\xi(t)$，即

$$\xi(t)=\begin{cases}x+\tau-t, & (t,\tau)\cap t_n=\varnothing\\ \tau-\max t_n<t, & (t,\tau)\cap t_n\neq\varnothing\end{cases}$$

2）令 $\zeta^*(t)$ 为过程 $v(t)$ 从时刻 t 到下次状态转移的时间. 同理可以证明 $\zeta^*(t)=(v(t),\zeta^*(t))$ 为马尔科夫过程.

补充变量法是常用的一种研究非马尔科夫过程的方法.

3.3 马尔科夫型可修复系统

当构成系统各部件的寿命分布和故障后的修理时间均为指数分布时，这样的系统可用马尔科夫过程描述. 在实践中经常遇到部件的寿命或修理时间分布不是指数分布的情

形，这时可修系统所构成的随机过程不是马尔科夫过程. 讨论此类非马尔科夫型可修复系统，通常使用更新过程、马尔科夫更新过程和补充变量法. 下面给出一个马尔科夫型可修复系统的例子并验证系统的稳定性.

在文献[121]中用增补变量的方法建立描述了并行可修复系统模型. 该系统是由储备部件和工作部件组成的可修复系统. 工作部件和储备部件是同型部件且具有几种故障状态. 系统所处状态用数字和数字对 $(\cdot,\cdot)$ 表示. 状态 0 表示系统正常工作，储备部件储备. 状态 1 表示发生转换，系统正常工作. 状态 $(0,i)$ 和 $(1,i)$ 表示系统处于第 i 种故障状态，工作状态到第 i 种故障状态的失效率为常值 λ_i，在第 i 种故障状态故障部件被替换的概率为常值的 α_i. 带有修复时间 x 的修复函数 $\eta_i(x)$ 是故障状态 $(0,i)$ 和 $(1,i)$ 的修复率. 在 $t=0$ 时刻，系统处于 0 状态. 系统的修复时间是任意分布的，修复后的部件或系统被认为与新的一样. 具体过程表述如下：

$$\frac{\mathrm{d}p_0(t)}{\mathrm{d}t}=-\lambda p_0(t)+\sum_{i=1}^{n}\int_0^\infty \eta_i(x)p_{0,i}(t,x)\mathrm{d}x \tag{3-1}$$

$$\frac{\partial p_{0,i}(t,x)}{\partial t}+\frac{\partial p_{0,i}(t,x)}{\partial x}=-[\eta_i(x)+\alpha_i]p_{0,i}(t,x) \tag{3-2}$$

$$p_{0,i}(t,0)=\lambda_i p_0(t) \tag{3-3}$$

$$\frac{\mathrm{d}p_1(t)}{\mathrm{d}t}=-\lambda p_1(t)+\sum_{i=1}^{n}\int_0^\infty \eta_i(x)p_{1,i}(t,x)\mathrm{d}x+\sum_{i=1}^{n}\alpha_i p_{0,i}(t) \tag{3-4}$$

$$\frac{\partial p_{1,i}(t,x)}{\partial t}+\frac{\partial p_{1,i}(t,x)}{\partial x}=-\eta_i(x)p_{1,i}(t,x) \tag{3-5}$$

$$p_{1,i}(t,0)=\lambda_i p_1(t) \tag{3-6}$$

$$p_0(0)=1,\ p_1(0)=p_{j,i}(0,x)=p_{j,i}(0)=0 \quad (j=0,1,\ i=1,2,\cdots,n)$$

其中，t 表示时间；n 表示故障模型的个数；λ_i 表示 i 个故障模型的常值失效率；x 表示修复时间；$\eta_i(x)$ 表示在故障模型 i 时修复时间为 x 的修复率；α_i 表示故障模型 i 的替换率；$p_0(t)$ 表示 t 时刻系统处于初始工作状态的概率；$p_1(t)$ 表示 t 时刻储备部件处于工作状态的概率；$p_{0,i}(t,x)$ 表示系统处于 $(0,i)$ 状态且已修复时间为 x 的概率；$p_{1,i}(t,x)$ 表示系统处于 $(1,i)$ 状态且已修复时间为 x 的概率；$p_{j,i}(t)=\int_0^\infty p_{j,i}(t,x)\mathrm{d}x(j=0,1,i=1,2,\cdots,n)$；$\lambda=\sum_{i=1}^{n}\lambda_i$.

将系统模型转化成巴拿赫空间中抽象的柯西问题. 这样考察柯西问题解的稳定性即可得到原模型解的稳定性. 根据系统模型的实际物理背景，选择如下的状态空间：

$$X=\left\{y\in\mathbf{R}\times\mathbf{R}\times L^1[0,\infty)\times\cdots\times L^1[0,\infty)\,\middle|\,\|\boldsymbol{y}\|=\sum_{i=0}^{1}|y_i|+\sum_{j=0}^{1}\sum_{i=1}^{n}\|y_{j,i}\|_{L^1[0,\infty)}\right\}$$

显然 X 为巴拿赫格. 定义算子 $\boldsymbol{A}$ 及其定义域：

$$D(A)=\left\{(p_0,p_1,p_{0,1}(x),\cdots,p_{1,n}(x))\in X\,\middle|\,\frac{\mathrm{d}p_{j,i}(x)}{\mathrm{d}x}\in L^1[0,\infty),\ p_{j,i}(x)\text{绝对连续},\right.$$
$$\left.p_{0,i}(0)=\lambda_i p_0,\ p_{1,i}(0)=\lambda_i p_1,\ j=0,1,i=1,\cdots,n\right\}$$

令

$$
\boldsymbol{AP}=\begin{pmatrix}
-\lambda p_0(t)+\sum_{i=1}^{n}\int_0^{\infty}\eta_i(x)p_{0,i}(t,x)\mathrm{d}x \\
-\lambda p_1(t)+\sum_{i=1}^{n}\int_0^{\infty}\eta_i(x)p_{1,i}(t,x)\mathrm{d}x+\sum_{i=1}^{n}\alpha_i p_{0,i}(t) \\
-p'_{0,1}(x)-[\eta_1(x)+\alpha_1]p_{0,1}(x) \\
\vdots \\
-p'_{1,n}(x)-\eta_n(x)p_{1,n}(x)
\end{pmatrix}
$$

式（3-1）～式（3-6）转化为如下巴拿赫空间 X 中的抽象柯西问题：

$$
\begin{cases}
\dfrac{\mathrm{d}\boldsymbol{P}(t)}{\mathrm{d}t}=\boldsymbol{AP}(t), \quad t\in[0,\infty) \\
\boldsymbol{P}(0)=(1,0,\cdots,0)
\end{cases}
\tag{3-7}
$$

定理 3.3.1 算子 $\boldsymbol{A}:D(\boldsymbol{A})\to R(\boldsymbol{A})\subset X$ 是闭的且 $D(\boldsymbol{A})$ 在 X 中稠.

证明 1）$\boldsymbol{A}$ 为闭算子.

设 $\boldsymbol{P}_n\in D(\boldsymbol{A})$，$n\to\infty$.

$$
\boldsymbol{P}_n=(p_0^{(n)},p_1^{(n)},p_{0,1}^{(n)},\cdots,p_{1,N}^{(n)})\to\boldsymbol{P}_0=(p_0^{(0)},p_1^{(0)},p_{0,1}^{(0)},\cdots,p_{1,n}^{(0)})\in X
$$

$$
\boldsymbol{AP}_n\to F=(f_0,f_1,f_{0,1},\cdots,f_{0,n})\in X
$$

即

$$
p_{0,i}^{(n)}\to p_{0,i}^{(0)},p_{1,i}^{(n)}\to p_{1,i}^{(0)} \quad (i=1,\cdots,n)
$$

$$
\int_0^{\infty}\left|p_{ji}^{(n)}(x)-p_{ji}^{(0)}(x)\right|\mathrm{d}x\to 0, \quad p_{ji}^{(0)}(x)\in L^1[0,\infty)
$$

故

$$
\int_0^{\infty}(\eta_i(x)+\alpha_i)p_{0i}^{(n)}(x)\mathrm{d}x\to\int_0^{\infty}(\eta_i(x)+\alpha_i)p_{0i}^{(0)}(x)\mathrm{d}x
$$

$$
\int_0^{\infty}\eta_i(x)p_{1i}^{(n)}(x)\mathrm{d}x\to\int_0^{\infty}\eta_i(x)p_{1i}^{(0)}(x)\mathrm{d}x
$$

此外，

$$
\boldsymbol{AP}_n=\begin{pmatrix}
-\lambda p_0^{(n)}+\sum_{i=1}^{n}\int_0^{\infty}\eta_i(x)p_{0,i}^{(n)}(x)\mathrm{d}x \\
-\lambda p_1^{(n)}+\sum_{i=1}^{n}\int_0^{\infty}\eta_i(x)p_{1,i}^{(n)}(x)\mathrm{d}x+\sum_{i=1}^{n}\alpha_i p_{0,i}^{(n)}(t) \\
-p_{0,1}'^{(n)}(x)-[\eta_1(x)+\alpha_1]p_{0,1}^{(n)}(x) \\
\vdots \\
-p_{1,n}'^{(n)}(x)-\eta_n(x)p_{1,n}^{(n)}(x)
\end{pmatrix}\to\begin{pmatrix}
f_0 \\
f_1 \\
f_{0,1}(x) \\
\vdots \\
f_{1n}(x)
\end{pmatrix}
$$

对后 $2n$ 个方程两边从 0 到 β 积分 $(\beta>0)$，有

$$
\lim_{n\to\infty}\int_0^{\beta}[-p_{0,i}^{(n)\prime}(x)-(\eta_i(x)+\alpha_i)p_{0,i}^{(n)}(x)]\mathrm{d}x=\int_0^{\beta}f_{0,i}(x)\mathrm{d}x
$$

于是有 $p_{0,i}^{(0)\prime}(x)=-(\eta_i(x)+\alpha_i)p_{0,i}^{(0)}(x)-f_{0,i}(x)\in L^1[0,\infty)$，故 $p_{0,i}^{(0)}(x)$ 绝对连续，所以有

$$\lim_{n\to\infty} p_{0,i}^{(n)'}(x) = -\lim_{n\to\infty}[(\eta_i(x)+\alpha_i)p_{0,i}^{(0)}(x)+f_{0,i}(x)] = p_{0,i}^{(0)'}(x),\ (i=1,\cdots,n)$$

同理 $\lim\limits_{n\to\infty} p_{1,i}^{(n)'}(x) = -\lim\limits_{n\to\infty}[\eta_i(x)p_{1,i}^{(0)}(x)+f_{1,i}(x)] = p_{1,i}^{(0)'}(x)$，所以 $\boldsymbol{AP}_0 = \lim\limits_{x\to\infty}\boldsymbol{AP}_n = \boldsymbol{F}$， A 为闭算子.

2） $\overline{D(A)} = X$.

任取 $\boldsymbol{Y} = (y_0, y_1, y_{01}(x), \cdots, y_{1n}(x)) \in X, \varepsilon > 0$ ，于是存在 $M_i > 0$ ，使得

$$\int_0^\infty |y_{ji}(x)|\,\mathrm{d}x < \infty, \int_M^\infty |y_{ji}(x)|\,\mathrm{d}x < \frac{\varepsilon}{3}, j=0,1;\ \ i=1,\cdots,n$$

令 $\tilde{p}_i = y_i, i=0,1$ ，定义

$$\tilde{p}_{ji}(x) = \begin{cases} 0, & x > M_j \\ g_{ji}(x), & \beta_j < x \leqslant M_j \\ \phi_{ji}(x), & 0 \leqslant x \leqslant \beta_j \end{cases}$$

$\phi_{0,i}(0) = \lambda_i \tilde{p}_0, \phi_{1,i}(0) = \lambda_i \tilde{p}_1$. 其中， α 充分小， $g_{ji}(x)$ 和 $\phi_{ji}(x)$ 为连续可微函数且满足

$$\phi_{ji}(\beta) = g_{ji}(\beta) = y_{ji}(\beta),\ \phi'_{ji}(\beta) = g'_{ji}(\beta),\ g'_{ji}(M) = 0 = g_{ji}(M)$$

$$\int_0^\beta |y_{ji}(x)-\phi_{ji}(x)|\,\mathrm{d}x < \frac{\varepsilon}{3}, \int_\beta^M |y_{ji}(x)-g_{ji}(x)|\,\mathrm{d}x < \frac{\varepsilon}{3} \quad (j=0,1;\ \ i=1,\cdots,n)$$

显然 $\tilde{p}_{ji} \in D(\boldsymbol{A})$,

$$\|\tilde{\boldsymbol{P}} - \boldsymbol{Y}\| = \sum_{j=0}^{1}\sum_{i=1}^{n}\int_0^\infty |y_{ji}(x) - \tilde{p}_{ji}(x)|\,\mathrm{d}x \leqslant \sum_{j=0}^{1}\sum_{i=1}^{n}\left(\frac{\varepsilon}{3}+\frac{\varepsilon}{3}+\frac{\varepsilon}{3}\right) = \varepsilon$$

故 $\overline{D(\boldsymbol{A})} = X$.

定理 3.3.2　$\boldsymbol{A}$ 为巴拿赫空间 X 上的耗散算子.

定理 3.3.3　$\{r \in \mathbf{C} \mid \mathrm{Re}\, r > 0，或者 r = \mathrm{i}a, a \in \mathbf{R} 且 a \neq 0\}$ 属于算子 $\boldsymbol{A}$ 的预解式 $\rho(\boldsymbol{A})$.

证明　对 $\forall r \in \mathbf{C}, \mathrm{Re}\, r > 0$, 或者 $r = \mathrm{i}a, a \in \mathbf{R}$ 且 $a \neq 0$ ，解如下算子方程：

$$(r\boldsymbol{I} - \boldsymbol{A})\boldsymbol{P} = \boldsymbol{Y}，\ \ \boldsymbol{Y} \in X$$

即

$$(r+\lambda)p_0 - \sum_{i=1}^{n}\int_0^\infty \eta_i(x)p_{0,i}(x)\mathrm{d}x = y_0$$

$$(r+\lambda)p_1 - \sum_{i=1}^{n}\int_0^\infty \eta_i(x)p_{1,i}(x)\mathrm{d}x - \sum_{i=1}^{n}\int_0^\infty \alpha_i p_{0,i}(x)\mathrm{d}x = y_1$$

$$p'_{0,1}(x) + [r + \eta_1(x) + \alpha_1]p_{0,1}(x) = y_{0,1}$$

$$\vdots$$

$$p'_{1,n}(x) + [r + \eta_n(x)]p_{1,n}(x) = y_{1,n}$$

边界条件 $p_{ji}(0) = \lambda_i p_j\ (j=0,1; i=1,\cdots,n)$. 解得

$$p_{0,i}(x) = p_{0,i}(0)\mathrm{e}^{-\int_0^x [r+\eta_i(\xi)+\alpha_i]\mathrm{d}\xi} + \int_0^x \mathrm{e}^{-\int_\tau^x [r+\eta_i(\xi)+\alpha_i]\mathrm{d}\xi} y_{0,i}(\tau)\mathrm{d}\tau \tag{3-8}$$

$$p_{1,i}(x) = p_{1,i}(0)\mathrm{e}^{-\int_0^x [r+\eta_i(\xi)]\mathrm{d}\xi} + \int_0^x \mathrm{e}^{-\int_\tau^x [r+\eta_i(\xi)]\mathrm{d}\xi} y_{1,i}(\tau)\mathrm{d}\tau \tag{3-9}$$

有

$$\int_0^\infty \left| \mathrm{e}^{-\int_0^x [r+\eta_i(\xi)+\alpha_i]\mathrm{d}\xi} \right| \mathrm{d}x < \int_0^\infty \left| \mathrm{e}^{-\int_0^x \eta_i(\xi)\mathrm{d}\xi} \right| \mathrm{d}x \leqslant N_1$$

且

$$\int_0^\infty \left| \int_0^x \mathrm{e}^{-\int_\tau^x [r+\eta_i(\xi)+\alpha_i]\mathrm{d}\xi} \cdot y_{0,i}(\tau)\mathrm{d}\tau \right| \mathrm{d}x \leqslant \int_0^\infty |y_{0,i}(\tau)|\,\mathrm{d}\tau \int_\tau^\infty \mathrm{e}^{-\int_\tau^x \eta_i(\xi)\mathrm{d}\xi} \mathrm{d}x \leqslant N_2 \cdot \| y_{0,i} \|_{L^1[0,\infty)}$$

因此 $p_{0,i}(x) \in L^1[0,\infty)$，同理 $p_{1,i}(x) \in L^1[0,\infty)$，令

$$\varphi_{0,i}(r) = \int_0^\infty \mathrm{e}^{-\int_0^x [r+\eta_i(\xi)+\alpha_i]\mathrm{d}\xi} \cdot \eta_i(x)\mathrm{d}x$$

$$\varphi_{1,i}(r) = \int_0^\infty \mathrm{e}^{-\int_0^x [r+\eta_i(\xi)]\mathrm{d}\xi} \cdot \eta_i(x)\mathrm{d}x$$

$$\psi_{0,i}(r) = \int_0^\infty \eta_i(x) \int_0^x \mathrm{e}^{-\int_\tau^x [r+\eta_i(\xi)+\alpha_i]\mathrm{d}\xi} y_{0,i}(\tau)\mathrm{d}\tau\mathrm{d}x$$

$$\psi_{1,i}(r) = \int_0^\infty \eta_i(x) \int_0^x \mathrm{e}^{-\int_\tau^x [r+\eta_i(\xi)]\mathrm{d}\xi} y_{1,i}(\tau)\mathrm{d}\tau\mathrm{d}x$$

结合式（3-1）、式（3-2）、式（3-8）、式（3-9）和边界条件，有

$$\left[r+\lambda-\sum_{i=1}^n \lambda_i \varphi_{0,i}(r) \right] p_0 = y_0 + \sum_{i=1}^n \psi_{0,i}(r) \tag{3-10}$$

$$\left[r+\lambda-\sum_{i=1}^n \lambda_i \varphi_{1,i}(r) \right] p_1 - p_0 \sum_{i=1}^n \int_0^\infty \lambda_i \alpha_i \mathrm{e}^{-\int_0^x [r+\eta_i(\xi)+\alpha_i]\mathrm{d}\xi} \mathrm{d}x$$

$$= y_1 + \sum_{i=1}^n \psi_{1,i}(r) + \sum_{i=1}^n \int_0^\infty \alpha_i \int_0^x \mathrm{e}^{-\int_\tau^x [r+\eta_i(\xi)+\alpha_i]\mathrm{d}\xi} y_{0,i}\mathrm{d}\tau \tag{3-11}$$

则由式（3-10）和式（3-11）构成方程组，其系数矩阵为

$$\boldsymbol{F}(r) = \begin{pmatrix} r+\lambda-\sum_{i=1}^n \lambda_i \varphi_{0,i}(r) & 0 \\ -\sum_{i=1}^n \int_0^\infty \lambda_i \alpha_i \mathrm{e}^{-\int_0^x [r+\eta_i(\xi)+\alpha_i]\mathrm{d}\xi} \mathrm{d}x & r+\lambda-\sum_{i=1}^n \lambda_i \varphi_{1,i}(r) \end{pmatrix}$$

下面证明此系数矩阵是对角占优的.

当 $\mathrm{Re}\,r>0$ 时，有

$$\left| \int_0^\infty \mathrm{e}^{-\int_0^x [r+\eta_i(\xi)+\alpha_i]\mathrm{d}\xi} \cdot \eta_i(x)\mathrm{d}x \right| \leqslant \left| \int_0^\infty \left| \mathrm{e}^{-\int_0^x [r+\alpha_i]\mathrm{d}\xi} \right| \cdot \mathrm{e}^{-\int_0^x \eta_i(\xi)\mathrm{d}\xi} \cdot \eta_i(x)\mathrm{d}x \right|$$

$$< \int_0^\infty \mathrm{e}^{-\int_0^x \eta_i(\xi)\mathrm{d}\xi} \cdot \eta_i(x)\mathrm{d}x = 1 \quad (i=1,\cdots,n)$$

同理，有

$$\left| \int_0^\infty \mathrm{e}^{-\int_0^x [r+\eta_i(\xi)]\mathrm{d}\xi} \cdot \eta_i(x)\mathrm{d}x \right| < \int_0^\infty \mathrm{e}^{-\int_0^x \eta_i(\xi)\mathrm{d}\xi} \cdot \eta_i(x)\mathrm{d}x = 1 \quad (i=1,\cdots,n)$$

当 $r=\mathrm{i}a, a\in\mathbf{R}$ 且 $a\neq 0$ 时，有

$$\int_0^\infty \mathrm{e}^{-\int_0^x [r+\eta_i(\xi)+\alpha_i]\mathrm{d}\xi} \cdot \eta_i(x)\mathrm{d}x = \int_0^\infty \mathrm{e}^{-\int_0^x [\alpha_i+\mathrm{i}a+\eta_i(\xi)]\mathrm{d}\xi} \cdot \eta_i(x)\mathrm{d}x$$

因为 $\alpha_i>0$，所以 $\alpha_i + a\mathrm{i}$ 为一个实部大于零的复数，同前所证.

$$
\begin{aligned}
&\left|\int_0^{\infty} \mathrm{e}^{-\int_0^x [r+\eta_i(\xi)]\mathrm{d}\xi} \cdot \eta_i(x)\mathrm{d}x\right|^2 \\
&=\left|\int_0^{\infty} \mathrm{e}^{-\mathrm{i}ax} \mathrm{e}^{-\int_0^x \eta_i(\xi)\mathrm{d}\xi} \cdot \eta_i(x)\mathrm{d}x\right|^2 \\
&=\left(\int_0^{\infty} f_i(x)\cos ax\mathrm{d}x\right)^2+\left(\int_0^{\infty} f_i(x)\sin ax\mathrm{d}x\right)^2 \\
&=\int_0^{\infty}\int_0^{\infty} f(x)f(y)\cos a(x-y)\mathrm{d}x\mathrm{d}y
\end{aligned}
$$

其中，$f_i(x)=\mathrm{e}^{-\int_0^x \eta_i(\xi)\mathrm{d}\xi}\cdot\eta_i(x)$ 且 $1=\int_0^{\infty}\int_0^{\infty} f_i(x)\cdot f_i(y)\mathrm{d}x\mathrm{d}y$，

$$
1-\left|\int_0^{\infty} \mathrm{e}^{-\int_0^x [r+\eta_i(\xi)]\mathrm{d}\xi} \cdot \eta_i(x)\mathrm{d}x\right|^2=\int_0^{\infty}\int_0^{\infty} f_i(x)\cdot f_i(y)[1-\cos a(x-y)]\mathrm{d}x\mathrm{d}y \geqslant 0
$$

又因为 $f_i(x)f_i(y)[1-\cos a(x-y)]$ 为非负函数，当且仅当 $a=0$ 时，上述等式成立，故 $\left|\int_0^{\infty} \mathrm{e}^{-\int_0^x [r+\eta_i(\xi)]\mathrm{d}\xi} \cdot \eta_i(x)\mathrm{d}x\right|<1$，显然此系数矩阵为对角占优的，进而满秩. 故当 $r\in\mathbf{C},\mathrm{Re}\,r>0$，或者 $r=\mathrm{i}a, a\in\mathbf{R}$ 且 $a\neq 0$ 时，$r\boldsymbol{I}-\boldsymbol{A}$ 是一一满射的，因此 $(r\boldsymbol{I}-\boldsymbol{A})^{-1}$ 存在. 又因为 $r\boldsymbol{I}-\boldsymbol{A}$ 为闭的，由闭算子性质知 $(r\boldsymbol{I}-\boldsymbol{A})^{-1}$ 为闭的且有界.

定理 3.3.4 系统算子 $\boldsymbol{A}$ 生成正压缩 C_0 半群 $T(t)$.

对于此修复系统，首先考虑系统 $\boldsymbol{A}$ 生成的特征值，记 $\sigma(\boldsymbol{A})$ 为算子 $\boldsymbol{A}$ 的谱集. $\boldsymbol{A}$ 的点谱记为 $\sigma_{\mathrm{p}}(\boldsymbol{A})$，剩余谱记为 $\sigma_{\mathrm{r}}(\boldsymbol{A})$，近似点谱记为 $\sigma_{\mathrm{ap}}(\boldsymbol{A})$，本质谱记为 $\sigma_{\mathrm{ess}}(\boldsymbol{A})$. $\sigma_{\mathrm{r}}(\boldsymbol{A})=\{\lambda\in\mathbf{C}\mid\overline{(\lambda\boldsymbol{I}-\boldsymbol{A})D(\boldsymbol{A})}\neq X\}$，故有 $\sigma(\boldsymbol{A})=\sigma_{\mathrm{r}}(\boldsymbol{A})\cup\sigma_{\mathrm{ap}}(\boldsymbol{A})$，其中 $\sigma_{\mathrm{r}}(\boldsymbol{A})$ 和 $\sigma_{\mathrm{ap}}(\boldsymbol{A})$ 不一定相交. 对于稠定义的闭的线性算子 $\boldsymbol{A}$，由哈恩-巴拿赫定理有 $\sigma_{\mathrm{r}}(\boldsymbol{A})=\sigma_{\mathrm{p}}(\boldsymbol{A}^*)$，这里 $\sigma_{\mathrm{p}}(\boldsymbol{A}^*)$ 表示 $\boldsymbol{A}$ 共轭算子 $\boldsymbol{A}^*$ 的点谱.

对于 $\forall\boldsymbol{Y}\in X$，考虑算子方程 $(r\boldsymbol{I}-\boldsymbol{A})\boldsymbol{P}=\boldsymbol{Y}$，即

$$
(r+\lambda)p_0-\sum_{i=1}^{n}\int_0^{\infty}\eta_i(x)p_{0,i}(x)\mathrm{d}x=y_0 \tag{3-12}
$$

$$
(r+\lambda)p_1-\sum_{i=1}^{n}\int_0^{\infty}\eta_i(x)p_{1,i}(x)\mathrm{d}x-\sum_{i=1}^{n}\int_0^{\infty}\alpha_i p_{0,i}(x)\mathrm{d}x=y_1 \tag{3-13}
$$

$$
p_{0,i}'(x)+[r+\eta_i(x)+\alpha_1]p_{0,i}(x)=y_{0,i} \tag{3-14}
$$

$$
p_{1,i}'(x)+[r+\eta_i(x)]p_{1,i}(x)=y_{1,i} \tag{3-15}
$$

边界条件 $p_{ji}(0)=\lambda_i p_j(j=0,1;i=1,\cdots,n)$.

解式（3-14）和式（3-15）得

$$
p_{0,i}(x)=p_{0,i}(0)\mathrm{e}^{-\int_0^x[r+\eta_i(\xi)+\alpha_i]\mathrm{d}\xi}+\int_0^x \mathrm{e}^{-\int_\tau^x[r+\eta_i(\xi)+\alpha_i]\mathrm{d}\xi}y_{0,i}(\tau)\mathrm{d}\tau \tag{3-16}
$$

$$
p_{1,i}(x)=p_{1,i}(0)\mathrm{e}^{-\int_0^x[r+\eta_i(\xi)]\mathrm{d}\xi}+\int_0^x \mathrm{e}^{-\int_\tau^x[r+\eta_i(\xi)]\mathrm{d}\xi}y_{1,i}(\tau)\mathrm{d}\tau \tag{3-17}
$$

将式（3-16）和式（3-17）代入式（3-12）和式（3-13）中，令

$$\varphi_{0,i}(r)=\int_0^\infty e^{-\int_0^x[r+\eta_i(\xi)+\alpha_i]d\xi}\cdot\eta_i(x)dx,\quad \varphi_{1,i}(r)=\int_0^\infty e^{-\int_0^x[r+\eta_i(\xi)]d\xi}\cdot\eta_i(x)dx$$

$$B_r y_{0,i}(x)=\int_0^\infty e^{-\int_\tau^x[r+\eta_i(\xi)+\alpha_i]d\xi}y_{0,i}(\tau)d\tau,\ B_r y_{1,i}(x)=\int_0^\infty e^{-\int_\tau^x[r+\eta_i(\xi)]d\xi}y_{1,i}(\tau)d\tau$$

$$(p_0,p_1)\begin{pmatrix} r+\lambda-\sum_{i=1}^n\lambda_i\varphi_{0,i}(r) & -\sum_{i=1}^n\int_0^\infty \lambda_i\alpha_i e^{-\int_0^x[r+\eta_i(\xi)+\alpha_i]d\xi}dx \\ 0 & r+\lambda-\sum_{i=1}^n\lambda_i\varphi_{1,i}(r)\end{pmatrix}$$

$$=\left(y_0+\sum_{i=1}^n\int_0^\infty B_r y_{0,i}(\tau)\cdot\eta_i(x)dx\quad y_1+\sum_{i=1}^n\int_0^\infty B_r y_{1,i}(\tau)\cdot\eta_i(x)dx+\sum_{i=1}^n\int_0^\infty B_r y_{0,i}(\tau)\cdot\alpha_i dx\right)$$

并令与 (p_0,p_1) 相乘的矩阵为 $\boldsymbol{F}(r)$. 修复率一般都为周期函数，假设修复率均值存在且大于零，即

$$0<\lim_{x\to\infty}\frac{1}{x}\int_0^x\eta_i(\tau)d\tau=\eta_i<\infty$$

这里 $i=1,\cdots,n$，$\eta=\min\{\eta_1,\cdots,\eta_n\}$.

定理 3.3.5 $\{r\in\mathbf{C}\,|\,\mathrm{Re}r\leqslant-\eta\}\subset\sigma(\boldsymbol{A})$, 若 $\mathrm{Re}r>-\eta,\det\boldsymbol{F}(r)=0$，则 $r\in\sigma_{\mathrm{p}}(\boldsymbol{A})$，且其代数重数为 $m_{\mathrm{g}}=\dim\mathrm{Ker}\{r\boldsymbol{I}-\boldsymbol{A}\}$ 为 1.若 $\mathrm{Re}r<-\eta,\det\boldsymbol{F}(r)\neq0$，则 $r\in\rho(\boldsymbol{A})$.

此外 $r\in\rho(\boldsymbol{A})$，对任意 $\boldsymbol{Y}\in\boldsymbol{X}$，有

$$(r\boldsymbol{I}-\boldsymbol{A})^{-1}\boldsymbol{Y}=\left(p_0,p_1,\lambda_1p_0e^{-\int_0^x[r+\eta_1(\xi)+\alpha_1]d\xi}+B_r y_{0,1}(\tau),\cdots,\lambda_n p_1 e^{-\int_0^x[r+\eta_n(\xi)]d\xi}+B_r y_{1,n}(\tau)\right)$$

式中，

$$\begin{aligned}&(p_0,p_1)\\&=\frac{1}{\hat{\boldsymbol{F}}(r)}\left(y_0+\sum_{i=1}^n\int_0^\infty B_r y_{0,i}(\tau)\cdot\eta_i(x)dx,y_1\right.\\&\left.+\sum_{i=1}^n\int_0^\infty B_r y_{1,i}(\tau)\cdot\eta_i(x)dx+\sum_{i=1}^n\int_0^\infty B_r y_{0,i}(\tau)\cdot\alpha_i dx\right)\boldsymbol{F}^*(r)\end{aligned}\tag{3-18}$$

式（3-18）中，$\boldsymbol{F}^*(r)$ 为 $\boldsymbol{F}(r)$ 的伴随矩阵，且 $\hat{\boldsymbol{F}}(r)=\det\boldsymbol{F}(r)$.

定理 3.3.6 0 为系统算子 $\boldsymbol{A}$ 的特征值且代数重数为 1.

证明 当 $r=0$，$\hat{\boldsymbol{F}}(0)=\det\boldsymbol{F}(0)=0$，故 0 为算子 $\boldsymbol{A}$ 的特征值. 解算子方程 $\boldsymbol{AP}=\boldsymbol{0}$. 解得

$$p_{0,i}(x)=p_{0,i}(0)e^{-\int_0^x[\eta_i(\xi)+\alpha_i]d\xi}\tag{3-19}$$

$$p_{1,i}(x)=p_{1,i}(0)e^{-\int_0^x\eta_i(\xi)d\xi}\quad(i=1,\cdots,n)\tag{3-20}$$

$$-\lambda p_0+\sum_{i=1}^n\int_0^\infty\eta_i(x)p_{0,i}(0)e^{-\int_0^x[\eta_i(\xi)+\alpha_i]d\xi}dx=0\tag{3-21}$$

$$-\lambda p_1+\sum_{i=1}^n\int_0^\infty\eta_i(x)p_{1,i}(0)e^{-\int_0^x\eta_i(\xi)d\xi}dx+\sum_{i=1}^n\int_0^\infty\alpha_i p_{0,i}(0)e^{-\int_0^x[\eta_i(\xi)+\alpha_i]d\xi}dx=0\tag{3-22}$$

那么

$$\begin{pmatrix} -\lambda+\sum_{i=1}^{n}\int_0^{\infty}\eta_i(x)\lambda_i \mathrm{e}^{-\int_0^x[\eta_i(\xi)+\alpha_i]\mathrm{d}\xi}\mathrm{d}x & 0 \\ \sum_{i=1}^{n}\int_0^{\infty}\lambda_i\alpha_i \mathrm{e}^{-\int_0^x[\eta_i(\xi)+\alpha_i]\mathrm{d}\xi}\mathrm{d}x & -\lambda+\sum_{i=1}^{n}\int_0^{\infty}\eta_i(x)\lambda_i \mathrm{e}^{-\int_0^x\eta_i(\xi)\mathrm{d}\xi}\mathrm{d}x \end{pmatrix}$$

于是特征值为 0 的代数重数为 1，且其对应向量为

$$\hat{\boldsymbol{P}} = p_0\left(1,\frac{\sum_{i=1}^{n}\int_0^{\infty}\lambda_i\alpha_i \mathrm{e}^{-\int_0^x[\eta_i(\xi)+\alpha_i]\mathrm{d}\xi}\mathrm{d}x}{-\lambda+\sum_{i=1}^{n}\int_0^{\infty}\eta_i(x)\lambda_i \mathrm{e}^{-\int_0^x\eta_i(\xi)\mathrm{d}\xi}\mathrm{d}x},\lambda_1,\cdots,\lambda_N,\right.$$

$$\left.\lambda_1\frac{\sum_{i=1}^{n}\int_0^{\infty}\lambda_i\alpha_i \mathrm{e}^{-\int_0^x[\eta_i(\xi)+\alpha_i]\mathrm{d}\xi}\mathrm{d}x}{-\lambda+\sum_{i=1}^{n}\int_0^{\infty}\eta_i(x)\lambda_i \mathrm{e}^{-\int_0^x\eta_i(\xi)\mathrm{d}\xi}\mathrm{d}x},\cdots,\lambda_N\frac{\sum_{i=1}^{n}\int_0^{\infty}\lambda_i\alpha_i \mathrm{e}^{-\int_0^x[\eta_i(\xi)+\alpha_i]\mathrm{d}\xi}\mathrm{d}x}{-\lambda+\sum_{i=1}^{n}\int_0^{\infty}\eta_i(x)\lambda_i \mathrm{e}^{-\int_0^x\eta_i(\xi)\mathrm{d}\xi}\mathrm{d}x}\right)$$

称 $\hat{\boldsymbol{P}}$ 为柯西问题（3-7）的静态解，且

$$X^*=\{\boldsymbol{q}^*\in \mathbf{R}\times\mathbf{R}\times L^{\infty}[0,\infty)\times\cdots\times L^{\infty}[0,\infty) \mid |||\boldsymbol{q}^*|||=\max\{|q_0^*|,|q_1^*|,\|q_{0,1}^*(x)\|_{L^{\infty}[0,\infty)},\cdots,\|q_{1,N}^*(x)\|_{L^{\infty}[0,\infty)}\}\}$$

显然 X^* 是个巴拿赫空间.

引理 3.3.1　算子 $\boldsymbol{A}$ 共轭算子为 $\boldsymbol{A}^*$，且 $\boldsymbol{A}^*\boldsymbol{q}^*=\boldsymbol{V}\boldsymbol{q}^*,\boldsymbol{q}^*\in D(\boldsymbol{G})$. 其中，

$$\boldsymbol{V}\boldsymbol{q}^*=\begin{pmatrix} -\lambda & 0 & 0 & \cdots & 0 & 0 & \cdots & 0 \\ 0 & -\lambda & 0 & \cdots & 0 & 0 & \cdots & 0 \\ \eta_1(x) & \alpha_1 & \frac{\mathrm{d}}{\mathrm{d}x}-(\eta_1(x)+\alpha_1) & \cdots & 0 & 0 & \cdots & 0 \\ \vdots & \vdots & \vdots & & \vdots & \vdots & & \vdots \\ \eta_n(x) & \alpha_n & 0 & \cdots & \frac{\mathrm{d}}{\mathrm{d}x}-(\eta_n(x)+\alpha_n) & 0 & \cdots & 0 \\ 0 & \eta_1(x) & 0 & \cdots & \cdots & \frac{\mathrm{d}}{\mathrm{d}x}-\eta_1(x) & \cdots & 0 \\ \vdots & \vdots & \vdots & & & \vdots & & \vdots \\ 0 & \eta_n(x) & 0 & \cdots & \cdots & 0 & \cdots & \frac{\mathrm{d}}{\mathrm{d}x}-\eta_n(x) \end{pmatrix}\begin{pmatrix} q_0^* \\ q_1^* \\ q_{0,1}^*(x) \\ \vdots \\ \vdots \\ q_{0,n}^*(x) \\ q_{1,1}^*(x) \\ \vdots \\ \vdots \\ q_{1,n}^*(x) \end{pmatrix}$$

$$+\begin{pmatrix} 0 & 0 & 0 & \cdots & 0 & 0 & \cdots & 0 \\ 0 & 0 & 0 & \cdots & 0 & 0 & \cdots & 0 \\ 0 & 0 & \lambda_1 & \cdots & 0 & 0 & \cdots & 0 \\ \vdots & \vdots & \vdots & & \vdots & \vdots & & \vdots \\ 0 & 0 & 0 & \cdots & \lambda_n & 0 & \cdots & 0 \\ 0 & 0 & 0 & \cdots & \cdots & \lambda_1 & \cdots & 0 \\ \vdots & \vdots & \vdots & & & \vdots & & \vdots \\ 0 & 0 & 0 & \cdots & \cdots & 0 & \cdots & \lambda_n \end{pmatrix}\begin{pmatrix} q_0^* \\ q_1^* \\ q_{0,1}^*(0) \\ \vdots \\ q_{0,n}^*(0) \\ q_{1,1}^*(0) \\ \vdots \\ q_{1,n}^*(0) \end{pmatrix}$$

$$D(\boldsymbol{G})=\left\{\boldsymbol{q}^*\in X^*\left|\frac{\mathrm{d}q_{j,i}^*(x)}{\mathrm{d}x}\text{存在，且}q_{j,i}^*(\infty)=\gamma, j=0,1;i=1,\cdots,n\right.\right\}.$$

按定理 3.3.5 和定理 3.3.6 的证明过程，可以得到 0 也是 A^* 的一个简单特征值.

定理 3.3.7　$Q=(1,\cdots,1)^{\mathrm{T}}$ 是算子 A 的共轭算子 A^* 的简单特征值 0 所对应的规范化的特征向量，且 $\|Q\|=1$.

定理 3.3.8　区域 $\tilde{D}=\left\{r\in\mathbf{C}\middle|-\mu<\mathrm{Re}\,r\leqslant 0\right\}$ 中存在的特征值是至多可数个且是孤立的特征值，每个特征值的代数重数是有限的.

证明　易知 $\varphi_{0,i}(r)=\int_0^\infty \eta_i(x)\mathrm{e}^{-\int_0^x (r+\eta_i(\xi)+\alpha_i)\mathrm{d}\xi}\mathrm{d}x=1-r\int_0^\infty \mathrm{e}^{-\int_0^x (r+\eta_i(\xi)+\alpha_i)\mathrm{d}\xi}\mathrm{d}x$

$$\varphi_{1,i}(r)=\int_0^\infty \eta_i(x)\mathrm{e}^{-\int_0^x (r+\eta_i(\xi))\mathrm{d}\xi}\mathrm{d}x=1-r\int_0^\infty \mathrm{e}^{-\int_0^x (r+\eta_i(\xi))\mathrm{d}\xi}\mathrm{d}x$$

$$|\varphi_{0,i}(r)|\leqslant\int_0^\infty |\eta_i(x)|\cdot\left|\mathrm{e}^{-\int_0^x (r+\eta_i(\xi)+\alpha_i)\mathrm{d}\xi}\right|\mathrm{d}x$$

$$=\int_0^\infty |\eta_i(x)|\mathrm{e}^{-\int_0^x (\mathrm{Re}\,r+\eta_i(\xi)+\alpha_i)\mathrm{d}\eta}\mathrm{d}x\leqslant G_{0,i}\cdot N_{0.i}$$

$$|\varphi_{1,i}(r)|\leqslant\int_0^\infty |\eta_i(x)|\cdot\left|\mathrm{e}^{-\int_0^x (r+\eta_i(\xi))\mathrm{d}\xi}\right|\mathrm{d}x=\int_0^\infty |\eta_i(x)|\,\mathrm{e}^{-\int_0^x (\mathrm{Re}\,r+\eta_i(\xi))\mathrm{d}\eta}\mathrm{d}x\leqslant G_{1,i}\cdot N_{1,i}$$

其中，$N_{0,i}\in\mathbf{R}^+,i=1,\cdots,n;j=0,1$. 当 $-\eta<\mathrm{Re}\,r\leqslant 0$ 时，$\varphi_{j,i}(r)$ 为有界的解析函数. 注意 $\boldsymbol{F}(r)$ 为关于 $\varphi_{ji}(r)$ 和 r 的二阶矩阵，则 $\hat{\boldsymbol{F}}(r)=\det\boldsymbol{F}(r)$ 也为解析函数. 此外，当 $|\mathrm{Im}\,r|\to\infty$ 时，$|\hat{\boldsymbol{F}}(r)|\to\infty$，故存在 $N>0,c>0$，使得 $|\mathrm{Im}\,r|\geqslant N$ 时，$|\hat{\boldsymbol{F}}(r)|\geqslant c$. 因此 $-\eta<\mathrm{Re}\,\gamma\leqslant 0$，$\hat{\boldsymbol{F}}(r)$ 有至多可数个重数有限的零点，且均含在区域 $\tilde{D}=\{r\in\mathbf{C}\,|-\eta<\mathrm{Re}\,r\leqslant 0$，$-N\leqslant\mathrm{Im}\,\gamma\leqslant N\}$ 中. 根据式(3-14)，这些零点均为 $R(r,\boldsymbol{A})$ 的重数有限的极点. 由定理 3.3.1 可知其代数重数也有限，故代数重数也有限，进而这些零点不属于算子 $\boldsymbol{A}$ 的本质谱 $\sigma_{\mathrm{ess}}(\boldsymbol{A})$.

注意：$\boldsymbol{A}$ 为实算子，$\sigma_{\mathrm{p}}(A^*)=\sigma_{\mathrm{p}}(\boldsymbol{A})$，即 $\sigma_{\mathrm{r}}(\boldsymbol{A})=\sigma_{\mathrm{p}}(\boldsymbol{A}^*)=\sigma_{\mathrm{p}}(\boldsymbol{A})$. 于是 $r\in\mathbf{C}$，$\mathrm{Re}\,r<-\eta$，$R(r\boldsymbol{I}-\boldsymbol{A})$ 不闭. 结合定理 2.2.1，$\sigma_{\mathrm{ess}}(\boldsymbol{A})=\{r\in\mathbf{C}\,|\,\mathrm{Re}\,r\leqslant-\eta\}$. 最后根据 $\mathrm{e}^{t\sigma_{\mathrm{ess}}(\boldsymbol{A})}\subseteq\sigma_{\mathrm{ess}}(T(t))$，$(t\geqslant 0)$，可得出

$$W_{\mathrm{ess}}(\boldsymbol{A})\geqslant-\eta \tag{3-23}$$

下面证明 $W_{\mathrm{ess}}(\boldsymbol{A})=-\eta$，这是证明半群 $T=\{T(t)\}_{t\geqslant 0}$ 拟紧的关键.

$$\boldsymbol{A}_0\boldsymbol{P}=\mathrm{diag}\left(-\eta+\varepsilon_0,-\eta+\varepsilon_0,-\frac{\mathrm{d}}{\mathrm{d}x}-(\eta_1(x)+\alpha_1)_1,\cdots,-\frac{\mathrm{d}}{\mathrm{d}x}-\eta_n(x)\right)\boldsymbol{P}^{\mathrm{T}}$$

首先考虑以下算子 $\boldsymbol{A}_0$ 生成的半群 $T_0(t)$，同时

$$\boldsymbol{BP}=\begin{pmatrix}\eta-\lambda & 0 & 0 & \cdots & 0\\ 0 & \eta-\lambda & 0 & \cdots & 0\\ 0 & 0 & 0 & \cdots & 0\\ \vdots & \vdots & \vdots & & \vdots\\ 0 & 0 & 0 & \cdots & 0\end{pmatrix}\boldsymbol{P}^{\mathrm{T}}$$

$$
\boldsymbol{EP}=\begin{pmatrix}\sum_{i=1}^{n}\int_0^{\infty}p_{0,i}(t,x)\eta_i(x)\mathrm{d}x\\ \sum_{i=1}^{n}\int_0^{\infty}p_{1,i}(t,x)\eta_i(x)\mathrm{d}x+\sum_{i=1}^{n}\int_0^{\infty}p_{0,i}(t,x)\alpha_i\mathrm{d}x\\ 0\\ \vdots\\ 0\end{pmatrix}
$$

显然算子 $\boldsymbol{B}$ 和 $\boldsymbol{E}$ 为拟紧的. 进一步有

$$
\boldsymbol{AP}=(\boldsymbol{A}_0+\boldsymbol{B}+\boldsymbol{E})\boldsymbol{P}, \quad \forall \boldsymbol{P}\in D(\boldsymbol{A})
$$

性质 3.3.1　算子 $\boldsymbol{A}_0$ 在空间 X 上生成正的 C_0 半群 $T_0(t)$，$t\geqslant 0$.

$$
(T_0(t)\boldsymbol{\phi})(x)=\begin{cases}\begin{pmatrix}\phi_0\mathrm{e}^{-(\eta-\varepsilon_0)t}\\ \phi_1\mathrm{e}^{-(\eta-\varepsilon_0)t}\\ p_{0,1}(0,t-x)\mathrm{e}^{-\int_0^x(\eta_1(\tau)+\alpha_i)\mathrm{d}\tau}\\ \vdots\\ p_{1,n}(0,t-x)\mathrm{e}^{-\int_0^x\eta_N(\tau)\mathrm{d}\tau}\end{pmatrix}, & x<t\\ \begin{pmatrix}\phi_0\mathrm{e}^{-(\eta-\varepsilon_0)t}\\ \phi_1\mathrm{e}^{-(\eta-\varepsilon_0)t}\\ \phi_{0,1}(x-t)\mathrm{e}^{-\int_{x-t}^x(\eta_1(\tau)+\alpha_i)\mathrm{d}\tau}\\ \vdots\\ \phi_{1,n}(x-t)\mathrm{e}^{-\int_{x-t}^x\eta_N(\tau)\mathrm{d}\tau}\end{pmatrix}, & x\geqslant t\end{cases}
$$

对于任意 $\boldsymbol{\phi}\in X$，$t\geqslant 0$，这里 $p_{ji}(0,t-x)$ （$j=0,1$ 且 $i=1,\cdots,n$）.

性质 3.3.2　C_0 半群 $T_0(t)$ 的增长阶 $W(\boldsymbol{A}_0)=-\eta$.

证明　对 $0<\varepsilon<\varepsilon_0$，存在 $t_0>0$. 当 $t\geqslant t_0$ 时，$\frac{1}{t}\int_{x-t}^{x}\eta_i(\tau)\mathrm{d}\tau>\eta_i-\varepsilon\geqslant\eta-\varepsilon, x\geqslant t$，

$$
\begin{aligned}
&\left\|T_0(t)\boldsymbol{\phi}(\cdot)\right\|_X\\
&=|\phi_0|\mathrm{e}^{-(\eta-\varepsilon_0)t}+\sum_{i=1}^{n}\left(\int_0^t|p_{0,i}(0,t-x)|\mathrm{e}^{-\int_0^x(\eta_i(\tau)+\alpha_i)\mathrm{d}\tau}\mathrm{d}x+\int_t^{\infty}|\phi_{0,i}(x-t)|\mathrm{e}^{-\int_{x-t}^x(\eta_i(\tau)+\alpha_i)\mathrm{d}\tau}\mathrm{d}x\right)\\
&\quad+|\phi_1|\mathrm{e}^{-(\eta-\varepsilon_0)t}+\sum_{i=1}^{n}\left(\int_0^t|p_{1,i}(0,t-x)|\mathrm{e}^{-\int_0^x\eta_i(\tau)\mathrm{d}\tau}\mathrm{d}x+\int_t^{\infty}|\phi_{1,i}(x-t)|\mathrm{e}^{-\int_{x-t}^x\eta_i(\tau)\mathrm{d}\tau}\mathrm{d}x\right)\\
&=|\phi_0|\mathrm{e}^{-(\eta-\varepsilon_0)t}+\sum_{i=1}^{n}\int_0^t|\lambda_i p_0(t-x)|\mathrm{e}^{-\int_0^x(\eta_i(\tau)+\alpha_i)\mathrm{d}\tau}\mathrm{d}x+\sum_{i=1}^{n}\int_t^{\infty}|\phi_{0,i}(x-t)|\mathrm{e}^{-\int_{x-t}^x(\eta_i(\tau)+\alpha_i)\mathrm{d}\tau}\mathrm{d}x\\
&\quad+|\phi_1|\mathrm{e}^{-(\eta-\varepsilon_0)t}+\sum_{i=1}^{n}\int_0^t|\lambda_i p_1(t-x)|\mathrm{e}^{-\int_0^x\eta_i(\tau)\mathrm{d}\tau}\mathrm{d}x+\sum_{i=1}^{n}\int_t^{\infty}|\phi_{1,i}(x-t)|\mathrm{e}^{-\int_{x-t}^x\eta_i(\tau)\mathrm{d}\tau}\mathrm{d}x
\end{aligned}
$$

$$
\begin{aligned}
&< \left[\mathrm{e}^{-(\eta-\varepsilon_0)t} + \sum_{i=1}^{n} \int_0^t \lambda_i \mathrm{e}^{-(\eta-\varepsilon_0)(t-x)} \cdot \mathrm{e}^{-\int_0^x (\eta_i(\tau)+\alpha_i)\mathrm{d}\tau} \mathrm{d}x \right] |\phi_0| + \mathrm{e}^{-(\eta-\varepsilon)t} \sum_{i=1}^{n} \|\phi_{0,i}\| \\
&\quad + \left[\mathrm{e}^{-(\eta-\varepsilon_0)t} + \sum_{i=1}^{n} \int_0^t \lambda_i \mathrm{e}^{-(\eta-\varepsilon_0)(t-x)} \cdot \mathrm{e}^{-\int_0^x \eta_i(\tau)\mathrm{d}\tau} \mathrm{d}x \right] |\phi_1| + \mathrm{e}^{-(\eta-\varepsilon)t} \sum_{i=1}^{n} \|\phi_{1,i}\| \\
&< \mathrm{e}^{-(\eta-\varepsilon_0)t} \left[1 + \sum_{i=1}^{n} \int_0^t \lambda_i \mathrm{e}^{(\eta-\varepsilon_0)x} \cdot \mathrm{e}^{-\int_0^x (\eta_i(\tau)+\alpha_i)\mathrm{d}\tau} \mathrm{d}x + 1 + \sum_{i=1}^{n} \int_0^t \lambda_i \mathrm{e}^{(\eta-\varepsilon_0)x} \cdot \mathrm{e}^{-\int_0^x \eta_i(\tau)\mathrm{d}\tau} \mathrm{d}x \right] \|\phi\|_X
\end{aligned}
$$

定义

$$
f(t) = 1 + \sum_{i=1}^{n} \int_0^t \lambda_i \mathrm{e}^{(\eta-\varepsilon_0)x} \cdot \mathrm{e}^{-\int_0^x (\eta_i(\tau)+\alpha_i)\mathrm{d}\tau} \mathrm{d}x + 1 + \sum_{i=1}^{n} \int_0^t \lambda_i \mathrm{e}^{(\eta-\varepsilon_0)x} \cdot \mathrm{e}^{-\int_0^x \eta_i(\tau)\mathrm{d}\tau} \mathrm{d}x
$$

存在一个 $M \geqslant 1$，使得 $\|T(t_0)\| \leqslant M\mathrm{e}^{-(\eta-\varepsilon_0)t} f(t)$，$t \geqslant 0$.

当 $x \geqslant t_0$ 时，有

$$
\begin{aligned}
\int_0^t \mathrm{e}^{(\eta-\varepsilon_0)x} \cdot \mathrm{e}^{-\int_0^x (\eta_i(\tau)+\alpha_i)\mathrm{d}\tau} \mathrm{d}x &< \int_0^{t_0} \mathrm{e}^{(\eta-\varepsilon_0)x} \cdot \mathrm{e}^{-\int_0^x (\eta_i(\tau)+\alpha_i)\mathrm{d}\tau} \mathrm{d}x + \int_{t_0}^t \mathrm{e}^{-(\varepsilon-\varepsilon_0)x} \mathrm{d}x \\
&= \int_0^{t_0} \mathrm{e}^{(\eta-\varepsilon_0)x} \cdot \mathrm{e}^{-\int_0^x (\eta_i(\tau)+\alpha_i)\mathrm{d}\tau} \mathrm{d}x + \frac{\mathrm{e}^{-(\varepsilon-\varepsilon_0)t_0} - \mathrm{e}^{-(\varepsilon-\varepsilon_0)t}}{\varepsilon-\varepsilon_0} \\
\int_0^t \mathrm{e}^{(\eta_i-\varepsilon_0)x} \cdot \mathrm{e}^{-\int_0^x \eta_i(\tau)\mathrm{d}\tau} \mathrm{d}x &< \int_0^{t_0} \mathrm{e}^{(\eta-\varepsilon_0)x} \cdot \mathrm{e}^{-\int_0^x \eta_i(\tau)\mathrm{d}\tau} \mathrm{d}x + \frac{\mathrm{e}^{-(\varepsilon_0-\varepsilon)t_0} - \mathrm{e}^{-(\varepsilon_0-\varepsilon)t}}{\varepsilon_0-\varepsilon}
\end{aligned}
$$

因此

$$
\begin{aligned}
W(A_0) &= \lim_{t\to\infty} \frac{\ln\|T_0(t)\|}{t} \leqslant \lim_{t\to\infty} \frac{\ln[M\mathrm{e}^{-(\eta-\varepsilon_0)t} f(t)]}{t} \\
&\leqslant -\eta + \varepsilon_0 + \lim_{t\to\infty} \frac{1}{t} \ln\left\{ 1 + \sum_{i=1}^{n} \left[\int_0^{t_0} \mathrm{e}^{(\eta-\varepsilon_0)x} \cdot \mathrm{e}^{-\int_0^x (\eta_i(\tau)+\alpha_i)\mathrm{d}\tau} \mathrm{d}x + \frac{\mathrm{e}^{-(\varepsilon-\varepsilon_0)t_0} - \mathrm{e}^{-(\varepsilon-\varepsilon_0)t}}{\varepsilon-\varepsilon_0} \right] \right. \\
&\qquad \left. + 1 + \sum_{i=1}^{n} \left(\int_0^{t_0} \mathrm{e}^{(\eta-\varepsilon_0)x} \cdot \mathrm{e}^{-\int_0^x \eta_i(\tau)\mathrm{d}\tau} \mathrm{d}x + \frac{\mathrm{e}^{-(\varepsilon-\varepsilon_0)t_0} - \mathrm{e}^{-(\varepsilon-\varepsilon_0)t}}{\varepsilon-\varepsilon_0} \right) \right\} \\
&= -\eta + \varepsilon_0
\end{aligned}
$$

因为 ε_0 是一个充分小量，而且算子 B 和 E 是拟紧的，结合式（2-23）和算子半群性质，有

$$
W_{\mathrm{ess}}(A) = W_{\mathrm{ess}}(A_0) = W(A_0) = -\eta
$$

因此由算子半群性质可知，系统算子生成的 C_0 半群 $T = \{T_0(t)\}_{t\geqslant 0}$ 为拟紧的.

记修复率 $\eta_i(x)$ 几乎处处大于 0 的集合为 $I_{\eta_i(x)}$，容易验证算子 $B+E$ 有以下不变闭理想：

$$
J_1 = \mathbf{R} \times \mathbf{R} \times I_{1,1} \times \cdots \times I_{1,2n+1}
$$

$$
J_2 = \{0\} \times \{0\} \times I_{2,1} \times \cdots \times I_{2,2n+1}
$$

其中，$I_{1,i} = \{\varphi \in L^1[0,\infty) \mid \varphi$ 在 Λ 上几乎处处为 0，Λ 为 $[0,\infty)$ 的可测子集$\}$，$I_{2,i} = \{\varphi_{2,i} \in L^1[0,\infty) \mid \varphi_{2,i}$ 在 $I_{\eta(x)}$ 上几乎处处为0$\}$ $i = 1,\cdots,2n+1$. 不难看出 $B+E$ 和 $T_0(t)$

没有公共的非平凡的不变闭理想，故 C_0 半群 $T=\{T_0(t)\}_{t\geqslant 0}$ 是不可约的. 可以验证以下定理.

定理 3.3.9　$T(t)$ 可约当且仅当存在 $a_i>0$，使得 $\eta_i(x)$ 在 $[a_i,\infty)$ 上几乎处处为 0，其中 $i=1,\cdots,2n+1$.

现在系统算子生成的正压缩 C_0 半群是拟紧和不可约的，可将该半群渐进展开，进而得到系统的指数稳定性.

定理 3.3.10　对于 $\varepsilon>0$，$\{\gamma\in\sigma(A)\,|\,\mathrm{Re}\,\gamma\geqslant-\mu+\varepsilon\}$ 为有限集，至多包含有限个代数重数有限的极点，这些极点为算子 A 的特征值，记为 $r_0,r_1,\cdots,r_n$. 且 $-\mu+\varepsilon\leqslant\mathrm{Re}\,r_{i+1}\leqslant\mathrm{Re}\,r_i<r_0=0$　$(i=1,\cdots,n-1)$相应的投影为 $P_0,P_1,\cdots,P_n$，极点的阶为 $k(0),k(1),\cdots,k(n)$，则有

$$T(t)=T_0(t)+T_1(t)+\cdots+T_n(t)+R(t)$$

其中，$T_i(t)=T(t)P_i=\mathrm{e}^{r_it}\cdot\sum_{i=0}^{k(i)-1}\frac{1}{j!}\cdot t^j(A-r_i)^j\cdot P_i$，$t\geqslant 0$，对于适当的 $\overline{\varepsilon}>0,\overline{c}\geqslant 1$，$\|R(t)\|\leqslant\overline{c}\cdot\mathrm{e}^{(-\mu+\overline{\varepsilon})t}$ ⋅ $r_0,\cdots,r_n$ 是方程 $\hat{\boldsymbol{F}}(r)=\boldsymbol{0}$ 的根，且 $r_0=0$ 为简单特征值 $k(0)=1$，$T_0(t)=\boldsymbol{P}_0$.

对于任意 $\boldsymbol{\varphi}\in X$，有

$$T(t)\boldsymbol{\varphi}=\boldsymbol{P}_0\boldsymbol{\varphi}+\sum_{i=1}^{n}\left[\mathrm{e}^{r_it}\cdot\sum_{j=0}^{k(i)-1}\frac{1}{j!}\cdot t^j(A-r_i)^j\cdot P_i\right]\boldsymbol{\varphi}+R(t)\boldsymbol{\varphi}$$

$$\begin{aligned}T(t)\boldsymbol{P}(0)&=\boldsymbol{P}_0\boldsymbol{P}(0)+\sum_{i=1}^{n}\left[\mathrm{e}^{r_it}\cdot\sum_{j=0}^{k(i)-1}\frac{1}{j!}\cdot t^j(A-r_i)^j\cdot P_i\right]\boldsymbol{P}(0)+R(t)\boldsymbol{P}(0)\\&=\langle\boldsymbol{P}(0),\overline{\boldsymbol{Q}}\rangle\overline{\boldsymbol{P}}+\sum_{i=1}^{n}\left[\mathrm{e}^{r_it}\cdot\sum_{j=0}^{k(i)-1}\frac{1}{j!}\cdot t^j(A-r_i)^j\cdot\boldsymbol{P}\right]_i\boldsymbol{P}(0)+R(t)\boldsymbol{P}(0)\\&=\overline{\boldsymbol{P}}+\sum_{i=1}^{n}\left[\mathrm{e}^{r_it}\cdot\sum_{j=0}^{k(i)-1}\frac{1}{j!}\cdot t^j(A-r_i)^j\cdot\boldsymbol{P}\right]_i\boldsymbol{P}(0)+R(t)\boldsymbol{P}(0)\end{aligned}$$

此处 $\boldsymbol{P}(0)=(1,0,\cdots,0)$，$\overline{\boldsymbol{P}}$ 为算子 A 的 0 特征值对应的特征向量，也为系统的静态解. $\overline{\boldsymbol{Q}}=(1,1,\cdots,1)^{\mathrm{T}}$ 为共轭算子 A^* 的 0 特征值对应的特征向量. 存在 $\varepsilon_0>0$，使得 $\mathrm{Re}\,r_i\leqslant-\varepsilon_0\,(i=1,\cdots,n)$. 对于每个 $\xi\in(0,\varepsilon_0)$ 总存在一个常量 $G(\xi)\geqslant 1$，使得

$$\|T(t)\boldsymbol{P}(0)-\overline{\boldsymbol{P}}\|\leqslant G(\xi)\mathrm{e}^{-\xi t}\quad(t\geqslant 0)$$

于是式（3-1）～式（3-6）的时间依赖解指数收敛于其稳定解，系统是指数稳定的.

小　结

本章介绍了可修复系统模型的一些相关理论，包括马尔科夫过程、更新过程和补充变量法. 这些内容已在可靠性数学相关的文献中都有过详细阐述[118,122-126]. 最后给出了马尔科夫型可修复系统实例，并验证了系统稳定性.

第 4 章　可修退化系统的适定性

可修复系统可靠性的研究一直都是工程领域的热点问题. 以往在假设系统“修复如新”的条件下，利用更新过程、马尔科夫过程或者马尔科夫更新过程等理论，许多可靠性研究理论中的基本模型被建立了，包括串联可修复系统、并联可修复系统及冷热储备可修复系统等，并运用一定的数学工具推导出所研究系统的一些可靠性指标. 但可修复系统（部件）都以“修复如新”为前提，那么推导出的可靠性指标有时可能会与实际情况有一定的偏差. 若系统修复后是“修复不如新”(即系统产生退化)，则此类系统称为可修退化系统. 实际情况中，大多数系统修复后是劣化的，所以对此模型研究则更具有一定的实际意义.

通过对“修复不如新”的可修复系统分析发现，随着时间进程，大多数系统每次修复后的使用寿命越来越短，维修时间也越来越长. 对于这种情形可以用单调过程描述，其中最典型的方法就是几何过程. 结合流水线等实际情形，文献[30]建立了四个状态可修复系统，并在系统的失效率和修复率都是常数的假设条件下计算系统稳态指标. 文献[31]进一步假设当系统故障时，系统修复率函数服从任意分布，并计算其相应的可靠性指标. 本章在文献[31]的基础上，利用几何过程方法分析一类可修退化系统. 结合以往维修策略中对维修的一些假设，本书对系统中的维修做出如下定义：完全维修是指系统在经历维修过程后，系统的可靠性、故障率恢复到系统最初投入使用的状态，相当于一个新产品；一般维修是指系统经历维修后，其故障特性没有发生变化，系统状态如同在发生故障之前一样；最小维修是指系统经历维修过程后，系统可恢复工作状态，但恢复不到发生故障之前的状态，系统产生劣化. 本章假设系统转化到完全失效状态的时间形成一个递减的几何过程，利用补充变量法等理论，建立可修复系统数学模型.

4.1　系统模型及状态空间

系统四个状态有工作状态、部分工作状态、完全失效状态和灾难失效状态. 工作状态是系统完全在运转；部分工作状态是系统功能的 70%在运转；完全失效状态是系统功能低于 70%在运转；灾难失效状态是对系统或设备操作了一些不能执行的命令导致的系统完全不能完成所有功能的突然失效. 以上状态均可修复，此外，对系统做如下一系列假设.

1）初始时刻系统完好，且系统开始运转. 规定系统的 i 个周期指的是系统完全失效

后的第 $i-1$ 次维修完成和系统完全失效后的第 i 次维修完成之间的时间 $(i=1,2,\cdots,n)$.

2）在工作状态，系统可能发生故障并转化到其余的三个状态之一：部分工作状态、完全失效状态或灾难失效状态. 系统处于部分工作状态时，虽然系统工作效率低，但是系统可经一般维修修复. 在维修进行时，处于部分工作状态的系统也可能发生故障转化，从而到完全失效状态或灾难失效状态. 当系统处于灾难失效状态时，可经一般维修修复. 在第 i 个周期内，当系统由于故障而处于完全失效状态时，系统可经最小维修修复到工作状态 $(i=1,2,\cdots,n-1)$；在第 n 个周期，当系统由于故障而处于完全失效状态时，系统可经完全维修修复到工作状态.

3）令 λ_k 为系统各个状态的失效率($k=1,2,\cdots,5$)，a 为常数，即一般修复率. 系统在第 i 个周期内由工作状态转化到完全失效状态的时间 X_i 的分布函数为 $G_i(t)=G(a^{i-1}t)=1-\mathrm{e}^{-a^{i-1}\lambda_5 t}$. 系统在第 i 个周期内由部分工作状态转化到完全失效状态的时间 Z_i 的分布函数为 $I_i(t)=I(a^{i-1}t)=1-\mathrm{e}^{-a^{i-1}\lambda_4 t}$，这里 $t\geqslant 0,\ \lambda_4>0,\ \lambda_5>0,\ a>1\ (i=1,2,\cdots,n)$.

4）系统的一般维修时间、第 i 个周期内最小维修时间 $(i=1,2,\cdots,n-1)$ 和第 n 个周期的完全维修时间分别为 $Y_m\,(m=1,2,3)$，其相应的概率密度函数和分布函数分别为 $f_m(x)$ 和 $F_m(x)(m=1,2,3)$，那么有如下关系成立：

$$F_1(t)=\int_0^t f_1(z)\mathrm{d}z=1-\mathrm{e}^{-\int_0^t \alpha(z)\mathrm{d}z}$$

$$F_2(t)=\int_0^t f_2(y)\mathrm{d}y=1-\mathrm{e}^{-\int_0^t \gamma(y)\mathrm{d}y},\quad F_3(t)=\int_0^t f_3(y)\mathrm{d}y=1-\mathrm{e}^{-\int_0^t \beta(y)\mathrm{d}y}$$

其中，$\beta(y)>\gamma(y)$.

5）所有的随机变量相互独立.

若用 $N(t)$ 表示 t 时刻系统所处的状态，并设 t 时刻的所有可能状态如下.

$i0$：在第 i 个周期，系统处于工作状态 $(i=1,2,\cdots,n)$；

$i1$：在第 i 个周期，系统处于部分工作状态 $(i=1,2,\cdots,n)$；

$i2$：在第 i 个周期，系统处于完全失效状态并可经最小维修修复 $(i=1,2,\cdots,n-1)$；

$i=n$ 时，系统处于完全失效状态并可经完全维修修复；

$i3$：在第 i 个周期，系统处于灾难失效状态 $(i=1,2,\cdots,n)$，

则系统状态空间为 $E=\{i0,i1,i2,i3\}(i=1,2,\cdots,n)$，系统工作状态 $W=\{i0,i1\}(i=1,2,\cdots,n)$，系统故障状态为 $F=\{i2,i3\}(i=1,2,\cdots,n)$. 利用增补变量法使 $\{N(t),Y_m(t),t\geqslant 0,m=1,2,3\}$ 构成一个广义马尔科夫过程，具体如下：

$$S(t)=\begin{cases} N(t), & N(t)=i0(i=1,2,\cdots,n)\\ N(t), & N(t)=i1(i=1,2,\cdots,n)\\ (Y_2(t),N(t)), & N(t)=i2(i=1,2,\cdots,n-1)\\ (Y_3(t),N(t)), & N(t)=n2\\ (Y_1(t),N(t)), & N(t)=i3(i=1,2,\cdots,n)\end{cases}$$

令 $p_{i0}(t)$ 表示 t 时刻系统处于 $i0$ 状态的概率，$p_{i1}(t)$ 表示 t 时刻系统处于 $i1$ 状态的概率，$p_{i2}(t,y)$ 表示 t 时刻系统处于 $i2$ 状态并已维修了 y 时间的概率密度，$p_{i3}(t,z)$ 表示 t 时

刻系统处于 $i3$ 状态并已维修了 z 时间的概率密度，即

$$p_{i0}(t)=P\{N(t)=i0\}\quad(i=1,2,\cdots,n)$$
$$p_{i1}(t)=P\{N(t)=i1\}\quad(i=1,2,\cdots,n)$$
$$p_{i2}(t,y)\mathrm{d}y=P\{N(t)=i2,y<Y_2(t)\leqslant y+\mathrm{d}y\}\quad(i=1,2,\cdots,n-1)$$
$$p_{n2}(t,y)\mathrm{d}y=P\{N(t)=n2,y<Y_3(t)\leqslant y+\mathrm{d}y\}$$
$$p_{i3}(t,z)\mathrm{d}z=P\{N(t)=i3,z<Y_1(t)\leqslant z+\mathrm{d}z\}\quad(i=1,2,\cdots,n)$$

根据 $p_{i2}(t,y),p_{i3}(t,z)(i=1,2,\cdots,n)$ 的定义，为分析方便做如下补充定义，即当 $y,z\leqslant t$ 时，令 $p_{i2}(t,y)=p_{i3}(t,z)=0(i=1,2,\cdots,n)$.

① 为使 $S(t+\Delta t)=10$，必须 $S(t)=10$，且 $(t,t+\Delta t]$ 内系统未发生故障；或 $S(t)=11$，且在 $(t,t+\Delta t]$ 内修理未完成；或 $S(t)=13,Y_1(t)=z>0$，且 $(t,t+\Delta t]$ 内系统修理完成；或 $S(t)=n2,Y_3(t)=y>0$，且 $(t,t+\Delta t]$ 内系统修理完成. 由此可得

$$p_{10}(t+\Delta t)=p_{10}(t)[1-(\lambda_1+\lambda_2+\lambda_5)\Delta t]+\mu p_{11}(t)\Delta t+\int_0^\infty p_{13}(t,z)\alpha(z)\Delta t\mathrm{d}z$$
$$+\int_0^\infty p_{n2}(t,y)\beta(y)\Delta t\mathrm{d}y+o(\Delta t)$$

② 为使 $S(t+\Delta t)=i0$，必须 $S(t)=i0$，且 $(t,t+\Delta t]$ 内系统未发生故障；或 $S(t)=i1$，且在 $(t,t+\Delta t]$ 内修理未完成；或 $S(t)=i3,Y_1(t)=z>0$，且 $(t,t+\Delta t]$ 内系统修理完成；或 $S(t)=(i-1,2),Y_2(t)=y>0$，且 $(t,t+\Delta t]$ 内系统修理完成($i=2,3,\cdots,n$). 由此可得

$$p_{i0}(t+\Delta t)=p_{i0}(t)[1-(\lambda_1+\lambda_2+a^{i-1}\lambda_5)\Delta t]+\mu p_{i1}(t)\Delta t+\int_0^\infty p_{i3}(t,z)\alpha(z)\Delta t\mathrm{d}z$$
$$+\int_0^\infty p_{i-1,2}(t,y)\gamma(y)\Delta t\mathrm{d}y+o(\Delta t)$$

③ 为使 $S(t+\Delta t)=i1$，必须 $S(t)=i1$，且 $(t,t+\Delta t]$ 内系统未发生故障且修理未完成；或 $S(t)=i0$，且在 $(t,t+\Delta t]$ 内发生故障 $(i=1,2,\cdots,n)$. 由此可得

$$p_{i1}(t+\Delta t)=p_{i1}(t)[1-(\mu+\lambda_3+a^{i-1}\lambda_4)\Delta t]+\lambda_1 p_{i0}(t)\Delta t$$

④ 为使 $S(t+\Delta t)=i2,Y_2(t+\Delta t)=y+\Delta t,y>0$，必须 $S(t)=i2,Y_2(t)=y>0$，且在 $(t,t+\Delta t]$ 内修理未完成($i=1,2,\cdots,n-1$)，由此可得

$$p_{i2}(t+\Delta t,y+\Delta t)=p_{i2}(t,y)[1-\gamma(y)\Delta t]$$

⑤ 为使 $S(t+\Delta t)=n2,Y_2(t+\Delta t)=y+\Delta t,y>0$，必须 $S(t)=n2,Y_3(t)=y>0$，且在 $(t,t+\Delta t]$ 内修理未完成，由此可得

$$p_{n2}(t+\Delta t,y+\Delta t)=p_{n2}(t,y)[1-\beta(y)\Delta t]$$

⑥ 为使 $S(t+\Delta t)=i3,Y_1(t+\Delta t)=z+\Delta t,z>0$，必须 $S(t)=i3,Y_1(t)=z>0$，且在 $(t,t+\Delta t]$ 内修理未完成($i=1,2,\cdots,n$)，由此可得

$$p_{i3}(t+\Delta t,z+\Delta t)=p_{i3}(t,z)[1-\alpha(z)\Delta t]$$

⑦ 为使 $S(t+\Delta t)=i2,0\leqslant Y_2(t+\Delta t)\leqslant\Delta t$，必须 $S(t)=i0$，且在 $(t,t+\Delta t]$ 内系统发生故障；或 $S(t)=i1$，且在 $(t,t+\Delta t]$ 内系统发生故障($i=1,2,\cdots,n-1$). 由此可得

$$p_{i2}(t+\Delta t,0)\Delta t=a^{i-1}\lambda_4 p_{i1}(t)\Delta t+a^{i-1}\lambda_5 p_{i0}(t)\Delta t$$

⑧ 为使 $S(t+\Delta t)=n2,0\leqslant Y_3(t+\Delta t)\leqslant\Delta t$，必须 $S(t)=n0$，且在 $(t,t+\Delta t]$ 内系统发生故障；或 $S(t)=n1$，且在 $(t,t+\Delta t]$ 内，系统发生故障，由此可得

$$p_{n2}(t+\Delta t,0)\Delta t = a^{n-1}\lambda_4 p_{n1}(t)\Delta t + a^{n-1}\lambda_5 p_{n0}(t)\Delta t$$

⑨ 为使 $S(t+\Delta t)=i3, 0\leqslant Y_1(t+\Delta t)\leqslant\Delta t$，必须 $S(t)=i0$，且在 $(t,t+\Delta t]$ 内系统发生故障；或 $S(t)=i1$，且在 $(t,t+\Delta t]$ 内系统发生故障($i=1,2,\cdots,n$). 由此可得

$$p_{i3}(t+\Delta t,0)\Delta t = \lambda_3 p_{i1}(t)\Delta t + \lambda_2 p_{i0}(t)\Delta t$$

⑩ 由于初始时刻系统全新且刚开始工作，因此初值中只有 $p_{10}(0)=1$，其余皆为 0.

综上，令 $\Delta t\to 0$ 并整理可以得到如下系统方程：

$$\left(\frac{\mathrm{d}}{\mathrm{d}t}+\lambda_1+\lambda_2+\lambda_5\right)p_{10}(t)=\mu p_{11}(t)+\int_0^\infty \beta(y)p_{n2}(t,y)\mathrm{d}y+\int_0^\infty \alpha(z)p_{13}(t,z)\mathrm{d}z \tag{4-1}$$

$$\left(\frac{\mathrm{d}}{\mathrm{d}t}+\lambda_1+\lambda_2+a^{i-1}\lambda_5\right)p_{i0}(t)=\mu p_{i1}(t)+\int_0^\infty \alpha(z)p_{i3}(t,z)\mathrm{d}z$$
$$+\int_0^\infty \gamma(y)p_{i-1,2}(t,y)\mathrm{d}y,\quad i=2,3,\cdots,n, \tag{4-2}$$

$$\left(\frac{\mathrm{d}}{\mathrm{d}t}+\lambda_3+a^{i-1}\lambda_4+\mu\right)p_{i1}(t)=\lambda_1 p_{i0}(t)\quad (i=1,2,\cdots,n) \tag{4-3}$$

$$\left(\frac{\partial}{\partial t}+\frac{\partial}{\partial y}+\gamma(y)\right)p_{i2}(t,y)=0\quad (i=1,2,\cdots,n-1) \tag{4-4}$$

$$\left(\frac{\partial}{\partial t}+\frac{\partial}{\partial y}+\beta(y)\right)p_{n2}(t,y)=0 \tag{4-5}$$

$$\left(\frac{\partial}{\partial t}+\frac{\partial}{\partial z}+\alpha(z)\right)p_{i3}(t,z)=0\quad (i=1,2,\cdots,n) \tag{4-6}$$

这里边界条件为

$$p_{i2}(t,0)=a^{i-1}\lambda_4 p_{i1}(t)+a^{i-1}\lambda_5 p_{i0}(t)\quad (i=1,2,\cdots,n) \tag{4-7}$$

$$p_{i3}(t,0)=\lambda_3 p_{i1}(t)+\lambda_2 p_{i0}(t)\quad (i=1,2,\cdots,n) \tag{4-8}$$

初始条件为

$$p_{10}(0)=1，其余均为 0 \tag{4-9}$$

考虑到实际背景，做如下合理假设. $\alpha(z),\gamma(y),\beta(y)$ 为非负可测函数，且具有性质：

$$0<\alpha=\sup_{0\leqslant z<\infty}\alpha(z)<\infty,\quad 0<\gamma=\sup_{0\leqslant y<\infty}\gamma(y)<\infty,\quad 0<\beta=\sup_{0\leqslant y<\infty}\beta(y)<\infty$$

并对任意的 $0<T<\infty$，有

$$\int_0^T\alpha(z)\mathrm{d}z<\infty,\quad \int_0^T\gamma(y)\mathrm{d}y<\infty,\quad \int_0^T\beta(y)\mathrm{d}y<\infty$$
$$\int_0^\infty\alpha(z)\mathrm{d}z=\infty,\quad \int_0^\infty\gamma(y)\mathrm{d}y=\infty,\quad \int_0^\infty\beta(y)\mathrm{d}y=\infty$$

进一步利用 C_0 半群理论讨论系统解的性质. 为此，首先研究系统相应算子的半群性质. 为了方便讨论，在巴拿赫空间中用抽象柯西问题的形式来描述这个系统. 选取状态空间如下：

$$X=\Bigg\{\boldsymbol{P}=(\boldsymbol{P}^0,\boldsymbol{P}^1,\boldsymbol{P}^2,\boldsymbol{P}^3)\,|\,\boldsymbol{P}^0,\boldsymbol{P}^1\in\mathbf{R}^n,\boldsymbol{P}^2,\boldsymbol{P}^3\in(L^1[0,\infty))^n,$$
$$\|\boldsymbol{P}\|=\sum_{i=0}^{1}|\boldsymbol{P}^i|+\|\boldsymbol{P}^2\|_{L^1[0,\infty)}+\|\boldsymbol{P}^3\|_{L^1[0,\infty)}<\infty\Bigg\}$$

式中，

$$\boldsymbol{P}^0=(p_{10},p_{20},\cdots,p_{n0})^{\mathrm{T}},\quad \boldsymbol{P}^1=(p_{11},p_{21},\cdots,p_{n1})^{\mathrm{T}}$$

$$\boldsymbol{P}^2=(p_{12}(y),p_{22}(y),\cdots,p_{n2}(y))^{\mathrm{T}},\quad \boldsymbol{P}^3=(p_{13}(z),p_{23}(z),\cdots,p_{n3}(z))^{\mathrm{T}}$$

$$\|\boldsymbol{P}^0\|=\sum_{i=1}^{n}\|p_{i0}\|,\quad \|\boldsymbol{P}^1\|=\sum_{i=1}^{n}\|p_{i1}\|$$

$$\|\boldsymbol{P}^2\|=\sum_{i=1}^{n}\|p_{i2}\|_{L^1[0,\infty)},\quad \|\boldsymbol{P}^3\|=\sum_{i=1}^{n}\|p_{i3}\|_{L^1[0,\infty)}$$

显然，$(X,\|\cdot\|)$ 是一个巴拿赫空间. 下面在 X 中定义几个算子.

$$\boldsymbol{AP}=\left(\begin{pmatrix}-(\lambda_1+\lambda_2+\lambda_5) & 0 & \cdots & 0\\ 0 & -(\lambda_1+\lambda_2+a\lambda_5) & \cdots & 0\\ \vdots & \vdots & & \vdots\\ 0 & 0 & \cdots & -(\lambda_1+\lambda_2+a^{n-1}\lambda_5)\end{pmatrix}\begin{pmatrix}p_{10}\\ p_{20}\\ \vdots\\ p_{n0}\end{pmatrix},\right.$$

$$\begin{pmatrix}-(\lambda_3+\lambda_4+\mu) & 0 & \cdots & 0\\ 0 & -(\lambda_3+a\lambda_4+\mu) & \cdots & 0\\ \vdots & \vdots & & \vdots\\ 0 & 0 & \cdots & -(\lambda_3+a^{n-1}\lambda_4+\mu)\end{pmatrix}\begin{pmatrix}p_{11}\\ p_{21}\\ \vdots\\ p_{n1}\end{pmatrix},$$

$$\begin{pmatrix}-\frac{\mathrm{d}}{\mathrm{d}y}-\gamma(y) & \cdots & 0 & 0\\ \vdots & & \vdots & \vdots\\ 0 & \cdots & -\frac{\mathrm{d}}{\mathrm{d}y}-\gamma(y) & 0\\ 0 & \cdots & 0 & -\frac{\mathrm{d}}{\mathrm{d}y}-\beta(y)\end{pmatrix}\begin{pmatrix}p_{12}(y)\\ \vdots\\ p_{n-1,2}(y)\\ p_{n2}(y)\end{pmatrix},$$

$$\left.\begin{pmatrix}-\frac{\mathrm{d}}{\mathrm{d}z}-\alpha(z) & 0 & \cdots & 0\\ 0 & -\frac{\mathrm{d}}{\mathrm{d}z}-\alpha(z) & \cdots & \vdots\\ \vdots & \vdots & & 0\\ 0 & 0 & \cdots & -\frac{\mathrm{d}}{\mathrm{d}z}-\alpha(z)\end{pmatrix}\begin{pmatrix}p_{13}(z)\\ p_{23}(z)\\ \vdots\\ p_{n3}(z)\end{pmatrix}\right)$$

$$D(\boldsymbol{A})=\left\{P\in X\left|\frac{\mathrm{d}p_{i2}(y)}{\mathrm{d}y},\frac{\mathrm{d}p_{i3}(z)}{\mathrm{d}z}\in L^1[0,\infty),\ p_{i2}(y)\text{和}p_{i3}(z)\text{均为绝对连续函数，满足}\right.\right.$$

$$\left.p_{i2}(0)=\lambda_4a^{i-1}p_{i1}+\lambda_5a^{i-1}p_{i0},\quad p_{i3}(0)=\lambda_3p_{i1}+\lambda_2p_{i0},\quad i=1,2,\cdots,n\right\}$$

$$\boldsymbol{U}=\begin{pmatrix}\boldsymbol{O}_{n\times n} & \boldsymbol{U}_1 & \boldsymbol{O}_{n\times n} & \boldsymbol{O}_{n\times n}\\ \boldsymbol{U}_2 & \boldsymbol{O}_{n\times n} & \boldsymbol{O}_{n\times n} & \boldsymbol{O}_{n\times n}\\ \boldsymbol{O}_{2n\times n} & \boldsymbol{O}_{2n\times n} & \boldsymbol{O}_{2n\times n} & \boldsymbol{O}_{2n\times n}\end{pmatrix}$$

$$\boldsymbol{E}=\begin{pmatrix}\boldsymbol{O}_{n\times n} & \boldsymbol{O}_{n\times n} & \boldsymbol{E}_1 & \boldsymbol{E}_2\\ \boldsymbol{O}_{3n\times n} & \boldsymbol{O}_{3n\times n} & \boldsymbol{O}_{3n\times n} & \boldsymbol{O}_{3n\times n}\end{pmatrix}$$

$$D(\boldsymbol{U})=D(\boldsymbol{E})=X$$

这里

$$\boldsymbol{E}_1=\begin{pmatrix}0 & 0 & 0 & \cdots & 0 & \int_0^\infty \beta(y)\mathrm{d}y\\ \int_0^\infty \gamma(y)\mathrm{d}y & 0 & 0 & \cdots & 0 & 0\\ 0 & \int_0^\infty \gamma(y)\mathrm{d}y & 0 & \cdots & 0 & 0\\ \vdots & \vdots & \vdots & & \vdots & \vdots\\ 0 & 0 & 0 & \cdots & 0 & 0\\ 0 & 0 & 0 & \cdots & \int_0^\infty \gamma(y)\mathrm{d}y & 0\end{pmatrix}$$

$$\boldsymbol{E}_2=\mathrm{diag}\left(\int_0^\infty \alpha(z)\mathrm{d}z,\int_0^\infty \alpha(z)\mathrm{d}z,\cdots,\int_0^\infty \alpha(z)\mathrm{d}z\right)$$

$$\boldsymbol{U}_1=\mathrm{diag}(\mu,\mu,\cdots,\mu)\,,\quad \boldsymbol{U}_2=\mathrm{diag}(\lambda_1,\lambda_1,\cdots,\lambda_1)$$

则系统方程（4-1）～系统方程（4-6）及式（4-7）～式（4-9）能被转化为巴拿赫空间 X 中的柯西问题：

$$\begin{cases}\dfrac{\mathrm{d}\boldsymbol{P}(t,\cdot)}{\mathrm{d}t}=(\boldsymbol{A}+\boldsymbol{U}+\boldsymbol{E})\boldsymbol{P}(t,\cdot),t\geqslant 0\\ \boldsymbol{P}(t,\cdot)=(\boldsymbol{P}^0,\boldsymbol{P}^1,\boldsymbol{P}^2,\boldsymbol{P}^3)\\ \qquad \triangleq((p_{10}(t),p_{20}(t),\cdots,p_{n0}(t))^{\mathrm{T}},(p_{11}(t),p_{21}(t),\cdots,p_{n1}(t))^{\mathrm{T}},\\ \qquad\ (p_{12}(t,y),p_{22}(t,y),\cdots,p_{n2}(t,y))^{\mathrm{T}},(p_{13}(t,z),p_{23}(t,z),\cdots,p_{n3}(t,z))^{\mathrm{T}})\\ \boldsymbol{P}(0,\cdot)\triangleq\boldsymbol{P}_0=((1,0,\cdots,0)^{\mathrm{T}},\boldsymbol{O}_{n1},\boldsymbol{O}_{n1},\boldsymbol{O}_{n1})\end{cases}\tag{4-10}$$

4.2　系统解的存在唯一性

微分-积分方程描述的系统为

$$\left[\frac{\mathrm{d}}{\mathrm{d}t}+\lambda_1+\lambda_2+\lambda_5\right]p_{10}(t)=\mu p_{11}(t)+\int_0^\infty \beta(y)p_{n2}(t,y)\mathrm{d}y+\int_0^\infty \alpha(z)p_{13}(t,z)\mathrm{d}z$$

$$\left[\frac{\mathrm{d}}{\mathrm{d}t}+\lambda_1+\lambda_2+a^{i-1}\lambda_5\right]p_{i0}(t)=\mu p_{i1}(t)+\int_0^\infty \gamma(y)p_{i-1,2}(t,y)\mathrm{d}y+\int_0^\infty \alpha(z)p_{i3}(t,z)\mathrm{d}z$$

$$\left[\frac{\mathrm{d}}{\mathrm{d}t}+\lambda_3+a^{i-1}\lambda_4+\mu\right]p_{i1}(t)=\lambda_1 p_{i0}(t)$$

$$\left[\frac{\partial}{\partial t}+\frac{\partial}{\partial y}+\gamma(y)\right]p_{i2}(t,y)=0$$

$$\left[\frac{\partial}{\partial t}+\frac{\partial}{\partial y}+\beta(y)\right]p_{n2}(t,y)=0$$

$$\left[\frac{\partial}{\partial t}+\frac{\partial}{\partial y}+\beta(y)\right]p_{n2}(t,y)=0$$

这里边界条件为

$$p_{i2}(t,0)=a^{i-1}\lambda_4 p_{i1}(t)+a^{i-1}\lambda_5 p_{i0}(t)$$
$$p_{i3}(t,0)=\lambda_3 p_{i1}(t)+\lambda_2 p_{i0}(t)$$

初始条件为 $p_{10}(0)=1$ 其余为 0.

现将 $p_{i0}(t)$, $p_{i1}(t)$, $p_{i2}(t,y)$, $p_{i3}(t,z)$ 及 $\alpha(z)$, $\gamma(y)$, $\beta(y)$ 在负实轴上分别进行延拓：

$$\tilde{p}_{10}(t)=\begin{cases}0, & t<0\\ 1, & t=0\\ p_{10}(t), & t>0\end{cases}\quad \tilde{p}_{i0}(t)=\begin{cases}0, & t\leqslant 0\\ p_{10}(t), & t>0\end{cases}$$

这里 $i=2,\cdots,n$.

$$\tilde{p}_{i1}(t)=\begin{cases}0, & t\leqslant 0\\ p_{i1}(t), & t>0\end{cases}\quad \tilde{p}_{i2}(t,y)=\begin{cases}0, & t\leqslant 0\\ p_{i2}(t,y), & t>0\end{cases}$$

$$\tilde{p}_{i3}(t,z)=\begin{cases}0, & t\leqslant 0\\ p_{i3}(t,z), & t>0\end{cases}\quad \tilde{\alpha}(z)=\begin{cases}0, & z\leqslant 0\\ \alpha(z), & z>0\end{cases}$$

$$\tilde{\gamma}(y)=\begin{cases}0, & y\leqslant 0\\ \gamma(y), & y>0\end{cases}\quad \tilde{\beta}(y)=\begin{cases}0, & y\leqslant 0\\ \beta(y) & y>0\end{cases}$$

这里 $i=1,2,\cdots,n$. 在不混淆的前提下，仍记 $\tilde{p}_{i0}(t)$, $\tilde{p}_{i1}(t)$, $\tilde{p}_{i2}(t,y)$, $\tilde{p}_{i3}(t,z)$ 及 $\tilde{\alpha}(z)$, $\tilde{\gamma}(y)$, $\tilde{\beta}(y)$ 为 $p_{i0}(t)$, $p_{i1}(t)$, $p_{i2}(t,y)$, $p_{i3}(t,z)$ 及 $\alpha(z)$, $\gamma(y)$, $\beta(y)$.

由系统方程（4-4）～系统方程（4-6）可得 $p_{i2}(t,y)$, $p_{n2}(t,y)$, $p_{i3}(t,z)$ 的解析表达式为

$$p_{i2}(t,y)=p_{i2}(t-y,0)\mathrm{e}^{-\int_0^y \gamma(\tau)\mathrm{d}\tau}\quad (i=1,2,\cdots,n-1) \tag{4-11}$$

$$p_{n2}(t,y)=p_{n2}(t-y,0)\mathrm{e}^{-\int_0^y \beta(\tau)\mathrm{d}\tau} \tag{4-12}$$

$$p_{i3}(t,z)=p_{i3}(t-z,0)\mathrm{e}^{-\int_0^z \alpha(\tau)\mathrm{d}\tau}\quad (i=1,2,\cdots,n) \tag{4-13}$$

将式（4-12）和式（4-13）代入系统方程（4-1）可得

$$\begin{aligned}\frac{\mathrm{d}p_{10}(t)}{\mathrm{d}t}&=-(\lambda_1+\lambda_2+\lambda_5)p_{10}(t)+\mu p_{11}(t)+\int_0^\infty \beta(y)p_{n2}(t,y)\mathrm{d}y+\int_0^\infty \beta(y)p_{n2}(t,y)\mathrm{d}y\\ &=-(\lambda_1+\lambda_2+\lambda_5)p_{10}(t)+\mu p_{11}(t)+\int_0^t \beta(t-\eta)p_{n2}(\eta,0)\mathrm{e}^{-\int_0^{t-\eta}\beta(\tau)\mathrm{d}\tau}\mathrm{d}\eta\\ &\quad+\int_0^\infty \alpha(t-\eta)p_{13}(\eta,0)\mathrm{e}^{-\int_0^{t-\eta}\alpha(\tau)\mathrm{d}\tau}\mathrm{d}\eta\end{aligned}$$

将初始条件 $p_{10}(0)=1$ 代入上式，可得

$$p_{10}(t)=\mathrm{e}^{-(\lambda_1+\lambda_2+\lambda_5)t}+\int_0^t \mathrm{e}^{-(\lambda_1+\lambda_2+\lambda_5)(t-s)}\left[\mu p_{11}(s)+\int_0^s \beta(s-\eta)p_{n2}(\eta,0)\mathrm{e}^{-\int_0^{s-\eta}\beta(\tau)\mathrm{d}\tau}\mathrm{d}\eta\right.$$

$$\left.+\int_0^s \alpha(s-\eta)p_{13}(\eta,0)\mathrm{e}^{-\int_0^{s-\eta}\alpha(\tau)\mathrm{d}\tau}\mathrm{d}\eta\right]\mathrm{d}s$$

$$=\mathrm{e}^{-(\lambda_1+\lambda_2+\lambda_5)t}+\int_0^t p_{n2}(\eta,0)\mathrm{d}\eta\int_0^{t-\eta}\mathrm{e}^{-(\lambda_1+\lambda_2+\lambda_5)(t-\eta)}\cdot\mathrm{e}^{(\lambda_1+\lambda_2+\lambda_5)v-\int_0^v\beta(\tau)\mathrm{d}\tau}\beta(v)\mathrm{d}v$$

$$+\int_0^t p_{i3}(\eta,0)\mathrm{d}\eta\int_0^{t-\eta}\mathrm{e}^{-(\lambda_1+\lambda_2+\lambda_5)(t-\eta)}\cdot\mathrm{e}^{(\lambda_1+\lambda_2+\lambda_5)v-\int_0^v\alpha(\tau)\mathrm{d}\tau}\alpha(v)\mathrm{d}v$$

$$=\mathrm{e}^{-(\lambda_1+\lambda_2+\lambda_5)t}+\int_0^t p_{n2}(\eta,0)k_{n2}(t-\eta)\mathrm{d}\eta+\int_0^t p_{i3}(\eta,0)k_{13}(t-\eta)\mathrm{d}\eta$$

$$+\int_0^t \mu p_{11}(\eta)k_{11}(t-\eta)\mathrm{d}\eta \tag{4-14}$$

式（4-14）中，

$$k_{n2}(t-\eta)=\int_0^{t-\eta}\mathrm{e}^{-(\lambda_1+\lambda_2+\lambda_5)(t-\eta)}\cdot\mathrm{e}^{(\lambda_1+\lambda_2+\lambda_5)v-\int_0^v\beta(\tau)\mathrm{d}\tau}\beta(v)\mathrm{d}v$$

$$k_{13}(t-\eta)=\int_0^{t-\eta}\mathrm{e}^{-(\lambda_1+\lambda_2+\lambda_5)(t-\eta)}\cdot\mathrm{e}^{(\lambda_1+\lambda_2+\lambda_5)v-\int_0^v\alpha(\tau)\mathrm{d}\tau}\alpha(v)\mathrm{d}v$$

$$k_{11}(t-\eta)=\mu\mathrm{e}^{-(\lambda_1+\lambda_2+\lambda_5)(t-\eta)}$$

同理，由系统方程（4-2）可得

$$p_{i0}(t)=\int_0^t p_{i-1,2}(\eta,0)\mathrm{d}\eta\int_0^{t-\eta}\mathrm{e}^{-(\lambda_1+\lambda_2+a^{i-1}\lambda_5)(t-\eta)}\cdot\mathrm{e}^{(\lambda_1+\lambda_2+a^{i-1}\lambda_5)v-\int_0^v\gamma(\tau)\mathrm{d}\tau}\beta(v)\mathrm{d}v$$

$$+\int_0^t p_{i3}(\eta,0)\mathrm{d}\eta\int_0^{t-\eta}\mathrm{e}^{-(\lambda_1+\lambda_2+a^{i-1}\lambda_5)(t-\eta)}\cdot\mathrm{e}^{(\lambda_1+\lambda_2+a^{i-1}\lambda_5)v-\int_0^v\alpha(\tau)\mathrm{d}\tau}\alpha(v)\mathrm{d}v$$

$$+\int_0^t \mu p_{i1}(\eta)\mathrm{e}^{-(\lambda_1+\lambda_2+a^{i-1}\lambda_5)(t-\eta)}\mathrm{d}\eta$$

$$=\int_0^t p_{i-1,2}(\eta,0)k_{i-1,2}(t-\eta)\mathrm{d}\eta+\int_0^t p_{i3}(\eta,0)k_{i3}(t-\eta)\mathrm{d}\eta$$

$$+\int_0^t \mu p_{i1}(\eta)k_{i1}(t-\eta)\mathrm{d}\eta \tag{4-15}$$

这里 $i=1,2,\cdots,n$．式（4-15）中，有

$$k_{i-1,2}(t-\eta)=\int_0^{t-\eta}\mathrm{e}^{-(\lambda_1+\lambda_2+a^{i-1}\lambda_5)(t-\eta)}\cdot\mathrm{e}^{(\lambda_1+\lambda_2+a^{i-1}\lambda_5)v-\int_0^v\gamma(\tau)\mathrm{d}\tau}\beta(v)\mathrm{d}v$$

$$k_{i3}(t-\eta)=\int_0^{t-\eta}\mathrm{e}^{-(\lambda_1+\lambda_2+a^{i-1}\lambda_5)(t-\eta)}\cdot\mathrm{e}^{(\lambda_1+\lambda_2+a^{i-1}\lambda_5)v-\int_0^v\alpha(\tau)\mathrm{d}\tau}\alpha(v)\mathrm{d}v$$

$$k_{i1}(t-\eta)=\mu\mathrm{e}^{-(\lambda_1+\lambda_2+a^{i-1}\lambda_5)(t-\eta)}$$

由系统方程（4-3）得

$$p_{i1}(t)=\int_0^t \lambda_1\mathrm{e}^{-(\lambda_3+a^{i-1}\lambda_4+\mu)(t-\eta)}p_{i0}(\eta)\mathrm{d}\eta=\int_0^t k_{i0}(t-\eta)p_{i0}(\eta)\mathrm{d}\eta \tag{4-16}$$

这里 $i=1,2,\cdots,n$．并且其中 $k_{i0}(t-\eta)\ \lambda_1\mathrm{e}^{-(\lambda_3+a^{i-1}\lambda_4+\mu)(t-\eta)}$．

将式（4-14）～式（4-16）代入式（4-7）和式（4-8）可得

$$p_{i2}(t,0)=a^{i-1}\lambda_4\int_0^t k_{i0}(t-\eta)p_{i0}(\eta)\mathrm{d}\eta+a^{i-1}\lambda_5\left\{\int_0^t k_{i1}(t-\eta)p_{i1}(\eta)\mathrm{d}\eta\right.$$

$$\left.+\int_0^t k_{i-1,2}(t-\eta)p_{i-1,2}(0,\eta)\mathrm{d}\eta+\int_0^t k_{i3}(t-\eta)p_{i3}(0,\eta)\mathrm{d}\eta\right\} \tag{4-17}$$

$$p_{12}(t,0)=\lambda_4\int_0^t k_{10}(t-\eta)p_{10}(\eta)\mathrm{d}\eta+\lambda_5\left\{\mathrm{e}^{-(\lambda_1+\lambda_2+\lambda_5)}+\int_0^t k_{11}(t-\eta)p_{11}(\eta)\mathrm{d}\eta\right.$$

$$\left.+\int_0^t k_{13}(t-\eta)p_{13}(0,\eta)\mathrm{d}\eta+\int_0^t k_{n2}(t-\eta)p_{n2}(0,\eta)\mathrm{d}\eta\right\} \tag{4-18}$$

$$p_{i3}(t,0)=\lambda_3\int_0^t k_{i0}(t-\eta)p_{i0}(\eta)\mathrm{d}\eta+\lambda_2\left\{\int_0^t k_{i1}(t-\eta)p_{i1}(\eta)\mathrm{d}\eta\right.$$

$$\left.+\int_0^t k_{i-1,2}(t-\eta)p_{i-1,2}(0,\eta)\mathrm{d}\eta+\int_0^t k_{i3}(t-\eta)p_{i3}(0,\eta)\mathrm{d}\eta\right\} \tag{4-19}$$

$$p_{13}(t,0)=\lambda_3\int_0^t k_{10}(t-\eta)p_{10}(\eta)\mathrm{d}\eta+\lambda_2\left\{\mathrm{e}^{-(\lambda_1+\lambda_2+\lambda_5)}+\int_0^t k_{11}(t-\eta)p_{11}(0,\eta)\mathrm{d}\eta\right.$$

$$\left.+\int_0^t k_{n2}(t-\eta)p_{n2}(0,\eta)\mathrm{d}\eta+\int_0^t k_{13}(t-\eta)p_{13}(0,\eta)\mathrm{d}\eta\right\} \tag{4-20}$$

这里$i=2,3,\cdots,n$. 上述方程可转化为沃尔特拉积分方程组，并可记为如下形式：

$$\boldsymbol{P}(t)=\boldsymbol{f}(t)+\int_0^t \boldsymbol{K}(t-\eta)\boldsymbol{P}(\eta)\mathrm{d}\eta \tag{4-21}$$

式（4-21）中，

$$\boldsymbol{P}(t)=(\boldsymbol{P}^0,\boldsymbol{P}^1,\boldsymbol{P}^2,\boldsymbol{P}^3)^{\mathrm{T}},\quad \boldsymbol{f}(t)=(\boldsymbol{f}_0(t),\boldsymbol{f}_1(t),\boldsymbol{f}_2(t),\boldsymbol{f}_3(t))^{\mathrm{T}}$$

$$\boldsymbol{K}(t-\eta)=\begin{pmatrix}\boldsymbol{K}_{11} & \boldsymbol{K}_{12} & \boldsymbol{K}_{13} & \boldsymbol{K}_{14}\\ \boldsymbol{K}_{21} & \boldsymbol{K}_{22} & \boldsymbol{K}_{23} & \boldsymbol{K}_{24}\\ \boldsymbol{K}_{31} & \boldsymbol{K}_{32} & \boldsymbol{K}_{33} & \boldsymbol{K}_{34}\\ \boldsymbol{K}_{41} & \boldsymbol{K}_{42} & \boldsymbol{K}_{43} & \boldsymbol{K}_{44}\end{pmatrix}$$

这里

$$\boldsymbol{f}_0(t)=(\mathrm{e}^{-(\lambda_1+\lambda_2+\lambda_5)t},0,\cdots,0),\quad \boldsymbol{f}_1(t)=\boldsymbol{O}_{n1}$$

$$\boldsymbol{f}_2(t)=(\lambda_5\mathrm{e}^{-(\lambda_1+\lambda_2+\lambda_5)},0,\cdots,0)$$

$$\boldsymbol{f}_3(t)=(\lambda_2\mathrm{e}^{-(\lambda_1+\lambda_2+\lambda_5)},0,\cdots,0)$$

$$\boldsymbol{K}_{11}=\boldsymbol{K}_{22}=\boldsymbol{K}_{23}=\boldsymbol{K}_{24}=\boldsymbol{O}_{n\times n}$$

$$\boldsymbol{K}_{12}=\mathrm{diag}(k_{11}(t-\eta),k_{21}(t-\eta),\cdots,k_{n1}(t-\eta))$$

$$\boldsymbol{K}_{14}=\mathrm{diag}(k_{13}(t-\eta),k_{23}(t-\eta),\cdots,k_{n3}(t-\eta))$$

$$\boldsymbol{K}_{21}=\mathrm{diag}(k_{10},k_{20},\cdots,k_{n0})$$

$$\boldsymbol{K}_{13}=\begin{pmatrix}0 & 0 & \cdots & 0 & k_{n2}(t-\eta)\\ k_{12}(t-\eta) & 0 & \cdots & 0 & 0\\ \vdots & \vdots & & \vdots & \vdots\\ 0 & 0 & \cdots & 0 & 0\\ 0 & 0 & \cdots & k_{n-1,2}(t-\eta) & 0\end{pmatrix}$$

$$\boldsymbol{K}_{33}=\begin{pmatrix}0 & 0 & \cdots & 0 & \lambda_5 k_{n2}(t-\eta)\\ a\lambda_5 k_{12}(t-\eta) & 0 & \cdots & 0 & 0\\ \vdots & \vdots & & \vdots & \vdots\\ 0 & 0 & \cdots & 0 & 0\\ 0 & 0 & \cdots & a^{n-1}\lambda_5 k_{n-1,2}(t-\eta) & 0\end{pmatrix}$$

$$\boldsymbol{K}_{31}=\operatorname{diag}(\lambda_4k_{10},\lambda_4k_{20},\cdots,\lambda_4k_{n0})$$

$$\boldsymbol{K}_{32}=\operatorname{diag}(\lambda_5k_{11},a\lambda_5k_{21},\cdots,a^{n-1}\lambda_5k_{n1})$$

$$\boldsymbol{K}_{34}=\operatorname{diag}(\lambda_5k_{13},a\lambda_5k_{23},\cdots,a^{n-1}\lambda_5k_{n3})$$

$$\boldsymbol{K}_{41}=\operatorname{diag}(\lambda_3k_{10},\lambda_3k_{20},\cdots,\lambda_3k_{n0})$$

$$\boldsymbol{K}_{42}=\operatorname{diag}(\lambda_2k_{11},\lambda_2k_{21},\cdots,\lambda_2k_{n1})$$

$$\boldsymbol{K}_{44}=\operatorname{diag}(\lambda_2k_{13},\lambda_2k_{23},\cdots,\lambda_2k_{n3})$$

$$\boldsymbol{K}_{43}=\begin{pmatrix} 0 & 0 & \cdots & 0 & \lambda_2k_{n2}(t-\eta) \\ \lambda_2k_{12}(t-\eta) & 0 & \cdots & 0 & 0 \\ \vdots & \vdots & & \vdots & \vdots \\ 0 & 0 & \cdots & 0 & 0 \\ 0 & 0 & \cdots & \lambda_2k_{n-1,2}(t-\eta) & 0 \end{pmatrix}$$

上述方程中向量 $\boldsymbol{f}(t)$ 中每一个分量和矩阵 $\boldsymbol{K}(t-\eta)$ 中每一个 $k_{ij}(t-\eta)$ $(j=0,1,2,3;i=1,2,\cdots,n)$ 都是平方绝对可积的. 由前面所述可知下列命题成立.

定理 4.2.1　系统方程（4-1）～系统方程（4-6）及式（4-7）～式（4-9）的非负强解存在唯一性等价于沃尔特拉积分方程（4-21）的非负强解存在唯一性.

对于任意 $T>0$，由 $\boldsymbol{f}(t)$ 及 $\boldsymbol{K}(t-\eta)$ 的表达式可知，$\boldsymbol{f}(t)$ 中每一个分量及 $\boldsymbol{K}(t-\eta)$ 中每一个 $k_{ij}(t-\eta)$ 均为非负有界函数，由文献[127]、[128]可知有以下定理成立.

定理 4.2.2　沃尔特拉积分方程（4-20）在 $C[0,T]$ 上存在唯一非负强解.

根据定理 4.2.2 及 $p_{i2}(t,y)$, $p_{i3}(t,z)$ $(i=1,2,\cdots,n)$ 解的具体表达式可知系统方程（4-1）～系统方程（4-6）及式（4-7）～式（4-9）在 $C[0,T]$ 上存在唯一非负强解.

定理 4.2.3　系统方程（4-1）～系统方程（4-6）及式（4-7）～式（4-9）在 $C[0,T]$ 上存在唯一非负强解.

本节讨论了系统非负解的存在唯一性问题. 通过沃尔特拉积分方程理论和泛函分析压缩映射定理进行了讨论，但系统解的具体表达式并没有给出. 下面将对此问题进行研究.

4.3　系统的适定性

下面对柯西问题（4-10）进行分析，首先考察所定义算子的半群性质.

定理 4.3.1　当 $r>0$ 时，$r\in\rho(\boldsymbol{A})$ 并且 $\|(r\boldsymbol{I}-\boldsymbol{A})\|^{-1}\leqslant\dfrac{1}{r}$.

证明　当 $r>0$，对任意的 $\boldsymbol{G}=(\boldsymbol{G}_0,\boldsymbol{G}_1,\boldsymbol{G}_2,\boldsymbol{G}_3)=\big((g_{10},g_{20},\cdots,g_{n0})^{\mathrm{T}},(g_{11},g_{21},\cdots,g_{n1})^{\mathrm{T}},$ $(g_{12}(y),g_{22}(y),\cdots,g_{n2}(y))^{\mathrm{T}},(g_{13}(z),g_{23}(z),\cdots,g_{n3}(z))^{\mathrm{T}}\big)\in X$，考虑算子方程 $(r\boldsymbol{I}-\boldsymbol{A})\boldsymbol{P}=\boldsymbol{G}$，即

$$(r+\lambda_1+\lambda_2+a^{i-1}\lambda_5)p_{i0}=g_{i0}\quad(i=1,2,\cdots,n)\tag{4-22}$$

$$(r+\lambda_3+a^{i-1}\lambda_4+\mu)p_{i1}=g_{i0}\quad(i=1,2,\cdots,n)\tag{4-23}$$

$$\frac{\mathrm{d}p_{i2}(y)}{\mathrm{d}y}+[r+\gamma(y)]p_{i2}(y)=g_{i2}(y)\quad(i=1,2,\cdots,n-1)\tag{4-24}$$

$$\frac{\mathrm{d}p_{n2}(y)}{\mathrm{d}y}+[r+\beta(y)]p_{n2}(y)=g_{n2}(y)\tag{4-25}$$

$$\frac{\mathrm{d}p_{i3}(z)}{\mathrm{d}z}+[r+\alpha(z)]p_{i3}(z)=g_{i3}(z)\quad(i=1,2,\cdots,n)\tag{4-26}$$

$$p_{i2}(0)=a^{i-1}\lambda_4 p_{i1}+a^{i-1}\lambda_5 p_{i0}\quad(i=1,2,\cdots,n)\tag{4-27}$$

$$p_{i3}(0)=\lambda_3 p_{i1}+\lambda_2 p_{i0}\quad(i=1,2,\cdots,n)\tag{4-28}$$

解式（4-22）～式（4-26）可得

$$p_{i0}=\frac{1}{r+\lambda_1+\lambda_2+a^{i-1}\lambda_5}g_{i0}\quad(i=1,\cdots,n)\tag{4-29}$$

$$p_{i1}=\frac{1}{r+\lambda_3+a^{i-1}\lambda_4+\mu}g_{i1}\quad(i=1,\cdots,n)\tag{4-30}$$

$$p_{i2}(y)=p_{i2}(0)\mathrm{e}^{-\int_0^y[r+\gamma(\xi)]\mathrm{d}\xi}+\int_0^y g_{i2}(\tau)\mathrm{e}^{-\int_\tau^y[r+\gamma(\xi)\mathrm{d}\xi]}\mathrm{d}\tau\quad(i=1,\cdots,n-1)\tag{4-31}$$

$$p_{n2}(y)=p_{n2}(0)\mathrm{e}^{-\int_0^y[r+\beta(\xi)]\mathrm{d}\xi}+\int_0^y g_{n2}(\tau)\mathrm{e}^{-\int_\tau^y[r+\beta(\xi)\mathrm{d}\xi]}\mathrm{d}\tau\tag{4-32}$$

$$p_{i3}(z)=p_{i3}(0)\mathrm{e}^{-\int_0^z[r+\alpha(\xi)]\mathrm{d}\xi}+\int_0^z g_{i3}(\tau)\mathrm{e}^{-\int_\tau^z[r+\alpha(\xi)\mathrm{d}\xi]}\mathrm{d}\tau\quad(i=1,\cdots,n)\tag{4-33}$$

利用富比尼定理，并由式（4-29）～式（4-33）得

$$\begin{aligned}
\|\boldsymbol{P}\|&=|\boldsymbol{P}^0|+|\boldsymbol{P}^1|+\sum_{i=2}^{3}\|\boldsymbol{P}^j\|_{L^1[0,\infty)}\\
&<\sum_{i=1}^{n}\frac{1}{r+\lambda_1+\lambda_2+a^{i-1}\lambda_5}|g_{i0}|+\sum_{i=1}^{n}\frac{1}{r+\lambda_3+a^{i-1}\lambda_4+\mu}|g_{i1}|\\
&\quad+\sum_{i=1}^{n}\left[\left(\frac{a^{i-1}\lambda_5|g_{i0}|}{r+\lambda_1+\lambda_2+a^{i-1}\lambda_5}+\frac{a^{i-1}\lambda_4|g_{i1}|}{r+\lambda_3+a^{i-1}\lambda_4+\mu}\right)\int_0^\infty \mathrm{e}^{-ry}\mathrm{d}y\right.\\
&\quad\left.+\int_0^\infty|g_{i2}(\tau)|\mathrm{e}^{r\tau}\mathrm{d}\tau\int_\tau^\infty \mathrm{e}^{-ry}\mathrm{d}y\right]+\sum_{i=1}^{n}\left[\left(\frac{\lambda_2|g_{i0}|}{r+\lambda_1+\lambda_2+a^{i-1}\lambda_5}\right.\right.\\
&\quad\left.\left.+\frac{\lambda_3|g_{i1}|}{r+\lambda_3+a^{i-1}\lambda_4+\mu}\right)\int_0^\infty \mathrm{e}^{-rz}\mathrm{d}z+\int_0^\infty|g_{i3}(\tau)|\ \mathrm{e}^{r\tau}\mathrm{d}\tau\int_\tau^\infty \mathrm{e}^{-rz}\mathrm{d}z\right]\\
&=\sum_{i=1}^{n}\frac{1}{r+\lambda_1+\lambda_2+a^{i-1}\lambda_5}|g_{i0}|+\sum_{i=1}^{n}\frac{1}{r+\lambda_3+a^{i-1}\lambda_4+\mu}|g_{i1}|\\
&\quad+\frac{1}{r}\sum_{i=1}^{n}\left(\frac{a^{i-1}\lambda_5|g_{i0}|}{r+\lambda_1+\lambda_2+a^{i-1}\lambda_5}+\frac{a^{i-1}\lambda_4|g_{i1}|}{r+\lambda_3+a^{i-1}\lambda_4+\mu}\right)+\frac{1}{r}\sum_{i=1}^{n}\|g_{i2}\|\\
&\quad+\frac{1}{r}\sum_{i=1}^{n}\left[\frac{\lambda_2|g_{i0}|}{r+\lambda_1+\lambda_2+a^{i-1}\lambda_5}+\frac{\lambda_3|g_{i1}|}{r+\lambda_3+a^{i-1}\lambda_4+\mu}\right]+\frac{1}{r}\sum_{i=1}^{n}\|g_{i3}\|\\
&\leqslant\frac{1}{r}\sum_{i=1}^{n}\left(|g_{i0}|+|g_{i1}|+\|g_{i2}\|+\|g_{i3}\|\right)
\end{aligned}$$

这表明当 $r>0$ 时，$(r\boldsymbol{I}-\boldsymbol{A})^{-1}:X\to X$ 存在且 $\|(r\boldsymbol{I}-\boldsymbol{A})^{-1}\|<\dfrac{1}{r}$, $\boldsymbol{A}$ 为闭算子.

定理 4.3.2 系统算子 $\boldsymbol{A}+\boldsymbol{U}+\boldsymbol{E}$ 在 X 中是稠定的.

证 明 设 $L=\Big\{\big((p_{10},\cdots,p_{n0})^{\mathrm{T}},(p_{11},\cdots,p_{n1})^{\mathrm{T}},(p_{12}(y),\cdots,p_{n2}(y))^{\mathrm{T}},(p_{13}(z),\cdots,p_{n3}(z))^{\mathrm{T}}\big)\Big|$ $p_{i2}(y),p_{i3}(z)\in C_0^\infty[0,\infty)$ 且存在常数 c_{i2} 和 c_{i3}，使得 $p_{i2}(y)=0,\ p_{i3}(z)=0,\quad y\in[0,c_{i2}]$, $z\in[0,c_{i3}],\ i=1,\cdots,n\Big\}$. 由文献[129]易证得 L 在 X 中稠密. 因此，只需要证明 $D(A)$ 在 L 中稠密即可.

对任何 $\boldsymbol{P}\in L$，则存在常数 c_{i2} 和 c_{i3}，使得 $p_{i2}(y)=0,\ y\in[0,c_{i2}],\ p_{i3}(z)=0,\quad z\in[0,c_{i3}]$ $(i=1,2,\cdots,n)$，则当 $y,z\in[0,s]$ 时，$p_{i2}(y)=p_{i3}(z)=0$，其中 $0<s\leqslant\min\{c_{i2},\ c_{i3},i=1,2,\cdots,n\}$. 令

$$\begin{aligned}
\boldsymbol{f}^s(0,0)&=\big((f_{10}^s,f_{20}^s,\cdots,f_{n0}^s)^{\mathrm{T}},(f_{11}^s,f_{21}^s,\cdots,f_{n1}^s)^{\mathrm{T}},(f_{12}^s(0),f_{22}^s(0),\cdots,f_{n2}^s(0))^{\mathrm{T}},\\
&\qquad(f_{13}^s(0),f_{23}^s(0),\cdots,f_{n3}^s(0))^{\mathrm{T}}\big)\\
&\triangleq\big((p_{10},p_{20},\cdots,p_{n0})^{\mathrm{T}},(p_{11},p_{21},\cdots,p_{n1})^{\mathrm{T}},(\lambda_4p_{11}+\lambda_5p_{10},a\lambda_4p_{11}+a\lambda_5p_{10},\\
&\qquad\cdots,a^{n-1}\lambda_4p_{n1}+a^{n-1}\lambda_5p_{n0})^{\mathrm{T}},(\lambda_3p_{n1}+\lambda_2p_{n0},\lambda_3p_{n1}+\lambda_2p_{n0},\cdots,\lambda_3p_{n1}+\lambda_2p_{n0})^{\mathrm{T}}\big)\\
\boldsymbol{f}^s(y,z)&=\big((p_{10},\cdots,p_{n0})^{\mathrm{T}},(p_{11},\cdots,p_{n1})^{\mathrm{T}},(f_{12}^s(y),\cdots,f_{n2}^s(y))^{\mathrm{T}},(f_{13}^s(z),\cdots,f_{n3}^s(z))^{\mathrm{T}}\big)
\end{aligned}$$

这里

$$f_{i2}^s(y)=\begin{cases}f_{i2}^s(0)\left(1-\dfrac{y}{s}\right)^2, & y\in[0,s]\\ p_{i2}(y), & y\in(s,\infty)\end{cases}$$

$$f_{i3}^s(z)=\begin{cases}f_{i3}^s(0)\left(1-\dfrac{z}{s}\right)^2, & z\in[0,s]\\ p_{i3}(z), & z\in[s,\infty]\end{cases}$$

显然 $\boldsymbol{f}^s(y,z)\in D(\boldsymbol{A})$，并且

$$\begin{aligned}
\|\boldsymbol{P}-\boldsymbol{f}^s\|&=\sum_{i=1}^n\int_0^\infty|p_{i2}(y)-f_{i2}^s(y)|\mathrm{d}y+\sum_{i=1}^n\int_0^\infty|p_{i3}(z)-f_{i3}^s(z)|\mathrm{d}z\\
&=\sum_{i=1}^n\int_0^s|f_{i2}^s(0)|\left(1-\frac{y}{s}\right)^2\mathrm{d}y+\sum_{i=1}^n\int_0^s|f_{i3}^s(0)|\left(1-\frac{z}{s}\right)^2\mathrm{d}z\\
&\leqslant\sum_{i=1}^n\frac{s}{3}|f_{i2}^s(0)|+\sum_{i=1}^n\frac{s}{3}|f_{i3}^s(0)|\to0
\end{aligned}$$

这表明 $D(\boldsymbol{A})$ 在 L 中稠密.

定理 4.3.3 算子 $\boldsymbol{A}+\boldsymbol{U}+\boldsymbol{E}$ 生成正 C_0 半群 $T(t)$.

证明 对任何 $\boldsymbol{P}\in X$，由 $\boldsymbol{U}$ 定义可得

$$\boldsymbol{UP}=\begin{pmatrix}\boldsymbol{O}_{n\times n} & \boldsymbol{U}_1 & \boldsymbol{O}_{n\times n} & \boldsymbol{O}_{n\times n}\\ \boldsymbol{U}_2 & \boldsymbol{O}_{n\times n} & \boldsymbol{O}_{n\times n} & \boldsymbol{O}_{n\times n}\\ \boldsymbol{O}_{n\times n} & \boldsymbol{O}_{n\times n} & \boldsymbol{O}_{n\times n} & \boldsymbol{O}_{n\times n}\\ \boldsymbol{O}_{n\times n} & \boldsymbol{O}_{n\times n} & \boldsymbol{O}_{n\times n} & \boldsymbol{O}_{n\times n}\end{pmatrix}\begin{pmatrix}\boldsymbol{P}^0\\ \boldsymbol{P}^1\\ \boldsymbol{P}^2\\ \boldsymbol{P}^3\end{pmatrix}$$

从而

$$\|\boldsymbol{UP}\| \leqslant \sum_{i=1}^{n} \mu |p_{i1}| + \sum_{i=1}^{n} \lambda_1 p_{i0} \leqslant \max\{\lambda_1, \mu\} \|\boldsymbol{P}\| \tag{4-34}$$

由 $\boldsymbol{E}$ 定义可得

$$\begin{aligned}\|\boldsymbol{EP}\| &\leqslant \sum_{i=1}^{n} \int_0^\infty \alpha(z) |p_{i3}(z)| \mathrm{d}z + \sum_{i=1}^{n-1} \int_0^\infty \gamma(y) |p_{i2}(y)| \mathrm{d}y + \int_0^\infty \beta(y) |p_{n2}(y)| \mathrm{d}y \\ &\leqslant \alpha \sum_{i=1}^{n} \|p_{i3}(z)\| + \gamma \sum_{i=1}^{n-1} \|p_{i2}(y)\| + \beta \|p_{n2}(y)\| \\ &\leqslant \max\{\alpha, \beta, \gamma\} \|\boldsymbol{P}\| \end{aligned} \tag{4-35}$$

所以 $\boldsymbol{U}$ 和 $\boldsymbol{E}$ 均为有界算子. 显然 $\boldsymbol{U}$ 和 $\boldsymbol{E}$ 也是线性的. 由定理 4.3.1 和定理 4.3.2 及推论 2.1.4 可得到 $\boldsymbol{A}$ 生成 C_0 半群. 进而由 C_0 半群有界线性算子定理 2.1.6 可知 $\boldsymbol{A}+\boldsymbol{U}+\boldsymbol{E}$ 生成一 C_0 半群 $\{T(t)\}_{t\geqslant 0}$.

下面证明 $T(t)$ 为正 C_0 半群. 由定理 4.3.1 中式（4-34）～式（4-35)可知，当 $\boldsymbol{G}$ 为非负向量时，$\boldsymbol{P}$ 为非负向量，也就是说 $(r\boldsymbol{I}-\boldsymbol{A})^{-1}$ 为正算子. 同时由 $\boldsymbol{U}$ 和 $\boldsymbol{E}$ 表达式可知 $\boldsymbol{U}+\boldsymbol{E}$ 为正算子，又因为

$$(r\boldsymbol{I}-\boldsymbol{A}-\boldsymbol{U}-\boldsymbol{E})^{-1} = [\boldsymbol{I}-(r\boldsymbol{I}-\boldsymbol{A})^{-1}(\boldsymbol{U}+\boldsymbol{E})]^{-1}(r\boldsymbol{I}-\boldsymbol{A})^{-1}$$

由式（4-32）和式（4-33）可知，当 $r > \max\{\lambda_1, \mu, \alpha, \beta, \gamma\}$ 时，有 $\|(r\boldsymbol{I}-\boldsymbol{A})^{-1}(\boldsymbol{U}+\boldsymbol{E})\| < 1$，即 $[\boldsymbol{I}-(r\boldsymbol{I}-\boldsymbol{A})^{-1}(\boldsymbol{U}+\boldsymbol{E})]^{-1}$ 存在且有界. 又

$$[\boldsymbol{I}-(r\boldsymbol{I}-\boldsymbol{A})^{-1}(\boldsymbol{U}+\boldsymbol{E})]^{-1} = \sum_{k=0}^{\infty} [(r\boldsymbol{I}-\boldsymbol{A})^{-1}(\boldsymbol{U}+\boldsymbol{E})]^k$$

因此 $[\boldsymbol{I}-(r\boldsymbol{I}-\boldsymbol{A})^{-1}(\boldsymbol{U}+\boldsymbol{E})]^{-1}$ 也是正算子，由式（4-33）和式（4-34）可得，当 $r > \max\{\lambda_1, \mu, \alpha, \beta, \gamma\}$ 时，$(r\boldsymbol{I}-\boldsymbol{A}-\boldsymbol{U}-\boldsymbol{E})^{-1}$ 为正算子，由文献[94]可知 $\boldsymbol{A}+\boldsymbol{U}+\boldsymbol{E}$ 生成一正 C_0 半群 $\{T(t)\}_{t\geqslant 0}$.

定理 4.3.4　半群 $\{T(t)\}_{t\geqslant 0}$ 为一正压缩 C_0 半群.

证明　任取 $\boldsymbol{P} \in D(\boldsymbol{A})$，令

$$\boldsymbol{v} = \left(\begin{pmatrix} \frac{[p_{10}]^+}{p_{10}} \\ \frac{[p_{20}]^+}{p_{20}} \\ \vdots \\ \frac{[p_{n0}]^+}{p_{n0}} \end{pmatrix}, \begin{pmatrix} \frac{[p_{11}]^+}{p_{11}} \\ \frac{[p_{21}]^+}{p_{21}} \\ \vdots \\ \frac{[p_{n1}]^+}{p_{n1}} \end{pmatrix}, \begin{pmatrix} \frac{[p_{12}(y)]^+}{p_{12}(y)} \\ \frac{[p_{22}(y)]^+}{p_{22}(y)} \\ \vdots \\ \frac{[p_{n2}(y)]^+}{p_{n2}(y)} \end{pmatrix}, \begin{pmatrix} \frac{[p_{13}(z)]^+}{p_{13}(z)} \\ \frac{[p_{23}(z)]^+}{p_{23}(z)} \\ \vdots \\ \frac{[p_{n3}(z)]^+}{p_{n3}(z)} \end{pmatrix} \right)$$

这里

$$[p_{i0}]^+ = \begin{cases} p_{i0}, & p_{i0} > 0 \\ 0, & p_{i0} \leqslant 0 \end{cases}, \quad [p_{i1}]^+ = \begin{cases} p_{i1}, & p_{i1} > 0 \\ 0, & p_{i1} \leqslant 0 \end{cases}$$

$$[p_{i2}(y)]^+ = \begin{cases} p_{i2}(y), & p_{i2}(y) > 0 \\ 0, & p_{i2}(y) \leqslant 0 \end{cases}, \quad [p_{i3}(z)]^+ = \begin{cases} p_{i3}(z), & p_{i3}(z) > 0 \\ 0, & p_{i3}(z) \leqslant 0 \end{cases}$$

结合边界条件式（4-7）和式（4-8）可得

$$
\begin{aligned}
&\langle (\boldsymbol{A}+\boldsymbol{U}+\boldsymbol{E})\boldsymbol{P},\boldsymbol{\nu}\rangle \\
&=\frac{[p_{10}]^+}{p_{10}}\left[-(\lambda_1+\lambda_2+\lambda_5)p_{10}+\mu p_{11}+\int_0^\infty \alpha(z)p_{13}(z)\mathrm{d}z+\int_0^\infty \beta(y)p_{n2}(y)\mathrm{d}y\right] \\
&\quad+\sum_{i=2}^{n}\frac{[p_{i0}]^+}{p_{i0}}\left[-(\lambda_1+\lambda_2+a^{i-1}\lambda_5)p_{i0}+\mu p_{i1}+\int_0^\infty \alpha(z)p_{i3}(z)\mathrm{d}z+\int_0^\infty \gamma(y)p_{i-1,2}(y)\mathrm{d}y\right] \\
&\quad+\sum_{i=1}^{n}\frac{[p_{i1}]^+}{p_{i1}}\left[-(\lambda_3+a^{i-1}\lambda_4+\mu)p_{i1}+\lambda_1 p_{i0}\right] \\
&\quad+\sum_{i=1}^{n-1}\int_0^\infty \frac{[p_{i2}(y)]^+}{p_{i2}(y)}\left\{\left[-\frac{\mathrm{d}p_{i2}(y)}{\mathrm{d}y}-\gamma(y)p_{i2}(y)\right]\mathrm{d}y\right\} \\
&\quad+\int_0^\infty \frac{[p_{n2}(y)]^+}{p_{n2}(y)}\left\{\left[-\frac{\mathrm{d}p_{n2}(y)}{\mathrm{d}y}-\beta(y)p_{n2}(y)\right]\mathrm{d}y\right\} \\
&\quad+\sum_{i=1}^{n}\int_0^\infty \frac{[p_{i3}(z)]^+}{p_{i3}(z)}\left\{\left[-\frac{\mathrm{d}p_{i3}(z)}{\mathrm{d}z}-\alpha(z)p_{i3}(z)\right]\mathrm{d}z\right\} \\
&=\left\{-(\lambda_1+\lambda_2+\lambda_5)[p_{10}]^+ +\frac{[p_{10}]^+}{p_{10}}\mu p_{11}+\frac{[p_{10}]^+}{p_{10}}\int_0^\infty \alpha(z)p_{13}(z)\mathrm{d}z\right. \\
&\quad+\frac{[p_{10}]^+}{p_{10}}\int_0^\infty \beta(y)p_{n2}(y)\mathrm{d}y+\sum_{i=2}^{n}\left[-(\lambda_1+\lambda_2+a^{i-1}\lambda_5)[p_{i0}]^+ +\frac{[p_{i0}]^+}{p_{i0}}\mu p_{i1}\right. \\
&\quad\left.+\frac{[p_{i0}]^+}{p_{i0}}\int_0^\infty \alpha(z)p_{i3}(z)\mathrm{d}z+\frac{[p_{i0}]^+}{p_{i0}}\int_0^\infty \gamma(y)p_{i-1,2}(y)\mathrm{d}y\right] \\
&\quad\left.+\sum_{i=1}^{n}(-(\lambda_3+a^{i-1}\lambda_4+\mu)[p_{11}]^+ +\frac{[p_{11}]^+}{p_{11}}\lambda_1 p_{i0}\right\} \\
&\quad+\sum_{i=1}^{n-1}\int_0^\infty\left\{\left[-\frac{\mathrm{d}p_{i2}(y)}{\mathrm{d}y}\frac{[p_{i2}(y)]^+}{p_{i2}(y)}-\gamma(y)[p_{i2}(y)]^+)\right]\mathrm{d}y\right\}+\int_0^\infty\left\{\left[-\frac{\mathrm{d}p_{n2}(y)}{\mathrm{d}y}\frac{[p_{n2}(y)]^+}{p_{n2}(y)}\right.\right. \\
&\quad\left.\left.-\beta(y)[p_{n2}(y)]^+\right]\mathrm{d}y\right\}+\sum_{i=1}^{n}\int_0^\infty\left\{\left[-\frac{\mathrm{d}p_{i3}(z)}{\mathrm{d}z}\frac{[p_{i3}(z)]^+}{p_{i3}(z)}-\alpha(z)[p_{i3}(z)]^+\right]\mathrm{d}z\right\} \\
&\leqslant\left[-(\lambda_1+\lambda_2+\lambda_5)[p_{10}]^+ +\mu[p_{11}]^+ +\int_0^\infty \alpha(z)[p_{13}(z)]^+\mathrm{d}z+\int_0^\infty \beta(y)[p_{n2}(y)]^+\mathrm{d}y\right] \\
&\quad+\sum_{i=2}^{n}\left[-(\lambda_1+\lambda_2+a^{i-1}\lambda_5)[p_{i0}]^+ +\mu[p_{i1}]^+ +\int_0^\infty \alpha(z)[p_{i3}(z)]^+\mathrm{d}z\right. \\
&\quad\left.+\int_0^\infty \gamma(y)[p_{i-1,2}(y)]^+\mathrm{d}y\right]+\sum_{i=1}^{n}\left[-(\lambda_3+a^{i-1}\lambda_4+\mu)[p_{11}]^+ +\lambda_1[p_{i0}]^+\right] \\
&\quad+\sum_{i=1}^{n-1}\int_0^\infty\left\{\left[-\frac{\mathrm{d}[p_{i2}(y)]^+}{\mathrm{d}y}-\gamma(y)[p_{i2}(y)]^+\right]\mathrm{d}y\right\}
\end{aligned}
$$

$$+\int_0^\infty\left\{\left[-\frac{\mathrm{d}[p_{n2}(y)]^+}{\mathrm{d}y}-\beta(y)[p_{n2}(y)]^+\right]\mathrm{d}y\right\}$$

$$+\sum_{i=1}^{n}\int_0^\infty\left\{\left[-\frac{\mathrm{d}[p_{i3}(z)]^+}{\mathrm{d}z}-\alpha(z)[p_{i3}(z)]^+\right]\mathrm{d}z\right\}$$

$$=0$$

由耗散算子定义可知，$\boldsymbol{A}+\boldsymbol{U}+\boldsymbol{E}$ 是一个耗散算子. 结合定理 4.3.1～定理 4.3.3 及定理 2.1.9 知，$\boldsymbol{A}+\boldsymbol{U}+\boldsymbol{E}$ 生成一个正压缩 C_0 半群，再由生成 C_0 半群的唯一性可知，此正压缩 C_0 半群就是 $\{T(t)\}_{t\geqslant 0}$.

综上所述，$\boldsymbol{A}+\boldsymbol{U}+\boldsymbol{E}$ 是正压缩 C_0 半群的无穷小生成元，所以有下述定理成立.

定理 4.3.5 系统方程（4-10）存在唯一非负解 $\boldsymbol{P}(t,\cdot)$，满足 $\|\boldsymbol{P}(t,\cdot)\|=1$，$\forall t\in[0,\infty)$.

证明 由定理 4.3.1～定理 4.3.4 可知，系统存在唯一非负时间依赖解 $\boldsymbol{P}(t,\cdot)$，并可表示为 $\boldsymbol{P}(t,\cdot)=T(t)\boldsymbol{P}_0$，$\forall t\in[0,\infty)$，由于 $\boldsymbol{P}(t,\cdot)$ 满足系统方程（4-1）～系统方程（4-6）及式（4-7）～式（4-9），从而有

$$\begin{aligned}
&\frac{\mathrm{d}\|\boldsymbol{P}(t,\cdot)\|}{\mathrm{d}t}\\
&=\sum_{i=1}^{n}\frac{\mathrm{d}p_{i0}(t)}{\mathrm{d}t}+\sum_{i=1}^{n}\frac{\mathrm{d}p_{i1}(t)}{\mathrm{d}t}+\sum_{i=1}^{n}\frac{\mathrm{d}}{\mathrm{d}t}\int_0^\infty p_{i2}(y)+\sum_{i=1}^{n}\frac{\mathrm{d}}{\mathrm{d}t}\int_0^\infty p_{i3}(z)\mathrm{d}z\\
&=\sum_{i=1}^{n}\frac{\mathrm{d}p_{i0}(t)}{\mathrm{d}t}+\sum_{i=1}^{n}\frac{\mathrm{d}p_{i1}(t)}{\mathrm{d}t}+\sum_{i=1}^{n}\int_0^\infty\frac{\partial p_{i2}(t,y)}{\partial t}\mathrm{d}y+\sum_{i=1}^{n}\int_0^\infty\frac{\partial p_{i3}(t,z)}{\partial t}\mathrm{d}z\\
&=-(\lambda_1+\lambda_2+\lambda_5)p_{i0}(t)+\mu p_{i1}(t)+\int_0^\infty\beta(y)p_{n2}(y)\mathrm{d}y+\int_0^\infty\alpha(z)p_{i3}(z)\mathrm{d}z\\
&\quad+\sum_{i=1}^{n}\left[-(\lambda_1+\lambda_2+a^{i-1}\lambda_5)p_{i0}(t)+\mu p_{i1}(t)+\int_0^\infty\gamma(y)p_{i-1,2}(y)\mathrm{d}y+\int_0^\infty\alpha(z)p_{i3}(z)\mathrm{d}z\right]\\
&\quad+\sum_{i=1}^{n}\left[-(\lambda_3+a^{i-1}\lambda_4+\mu)p_{i1}(t)+\lambda_1p_{i0}(t)\right]\\
&\quad+\sum_{i=1}^{n-1}\int_0^\infty\left[-\frac{\partial p_{i2}(t,y)}{\partial y}-\gamma(y)p_{i2}(y)\right]\mathrm{d}y+\int_0^\infty\left[-\frac{\partial p_{n2}(t,y)}{\partial y}-\beta(y)p_{n2}(y)\right]\mathrm{d}y\\
&\quad+\int_0^\infty\left[-\frac{\partial p_{i3}(t,z)}{\partial z}-\alpha(z)p_{i3}(z)\right]\mathrm{d}z\\
&=-\sum_{i=1}^{n}-(\lambda_1+\lambda_2+\lambda_5)p_{i0}(t)+\sum_{i=1}^{n}\mu p_{i1}(t)+\int_0^\infty\beta(y)p_{n2}(t,y)\mathrm{d}y+\sum_{i=1}^{n}\int_0^\infty\alpha(z)p_{i3}(t,z)\mathrm{d}z\\
&\quad+\sum_{i=1}^{n-1}\int_0^\infty\gamma(y)p_{i2}(t,y)\mathrm{d}y-\sum_{i=1}^{n}(\lambda_3+a^{i-1}\lambda_4+\mu)p_{i1}(t)+\sum_{i=1}^{n}\lambda_1p_{i0}(t)\\
&\quad-\sum_{i=1}^{n-1}\int_0^\infty\frac{\partial p_{i2}(t,y)}{\partial y}\mathrm{d}y+\sum_{i=1}^{n-1}\gamma(y)p_{i2}(y)\mathrm{d}y-\int_0^\infty\frac{\partial p_{n2}(t,y)}{\partial y}\mathrm{d}y\\
&\quad-\int_0^\infty\beta(y)p_{n2}(t,y)\mathrm{d}y-\sum_{i=1}^{n}\int_0^\infty\frac{\partial p_{i3}(t,z)}{\partial z}\mathrm{d}z-\sum_{i=1}^{n}\int_0^\infty\alpha(z)p_{i3}(t,z)\mathrm{d}z\\
&=0
\end{aligned}$$

小　　结

本章以一个可修退化系统为例，将系统方程转化为沃尔特拉算子方程和巴拿赫空间中的抽象柯西问题，证明了系统非负动态解的存在唯一性. 此外，通过验证算子是耗散算子，再利用菲利普特定理，得到系统算子生成正压缩 C_0 半群，从而得到系统的适定性，验证了系统的保守性.

第 5 章　可修退化系统的解的稳定性分析

系统的稳定性之所以重要，是因为系统在实际工作中总会受到外界和内部的一些因素扰动，使得系统偏离原来的工作状态. 如果系统受到扰动后，能够足以恢复到原来的平衡状态，则系统是稳定的；如果扰动消失后，系统不能恢复到原来的平衡状态且不能正常工作，则系统不稳定. 因此，分析系统稳定性是控制理论中的基本理论之一.

5.1　系统算子的性质

本节讨论系统解的渐近稳定性，即研究当时刻 t 趋向于无穷大时，系统的时间依赖解的变化情况. 为此首先分析系统算子的谱分布.

结合假设条件，介绍以下几个引理.

引理 5.1.1　对修复率函数 $\alpha(z),\beta(y),\gamma(y)$ 有如下等式成立：

$$\int_0^\infty \alpha(z)\mathrm{e}^{-\int_0^z \alpha(\xi)\mathrm{d}\xi}\mathrm{d}z=\int_0^\infty \beta(y)\mathrm{e}^{-\int_0^y \beta(\xi)\mathrm{d}\xi}\mathrm{d}y=\int_0^\infty \gamma(y)\mathrm{e}^{-\int_0^y \gamma(\xi)\mathrm{d}\xi}\mathrm{d}y=1$$

证明　$\int_0^\infty \alpha(z)\mathrm{e}^{-\int_0^z \alpha(\xi)\mathrm{d}\xi}\mathrm{d}z=-\int_0^\infty \mathrm{d}\mathrm{e}^{-\int_0^z \alpha(\xi)\mathrm{d}\xi}=-\mathrm{e}^{-\int_0^z \alpha(\xi)\mathrm{d}\xi}\Big|_0^\infty=1$.

这里只证明第一个等式，其余证明过程类似.

引理 5.1.2　若对任意 $r\in\{r\in C\,|\,\mathrm{Re}r>0$，或 $r=\mathrm{i}a,a\in R,a\neq 0\}$，则有如下不等式关系成立：

$$\left|\int_0^\infty \alpha(z)\mathrm{e}^{-\int_0^z (r+\alpha(\xi))\mathrm{d}\xi}\mathrm{d}z\right|<1$$

$$\left|\int_0^\infty \beta(y)\mathrm{e}^{-\int_0^z (r+\beta(\xi))\mathrm{d}\xi}\mathrm{d}y\right|<1$$

$$\left|\int_0^\infty \gamma(y)\mathrm{e}^{-\int_0^z (r+\gamma(\xi))\mathrm{d}\xi}\mathrm{d}y\right|<1$$

证明　只证明第一个不等式，其余证明过程类似. 由引理 5.1.1 可知，当 $\mathrm{Re}r>0$ 时，显然有

$$\left|\int_0^\infty \alpha(z)\mathrm{e}^{-\int_0^z (r+\alpha(\xi))\mathrm{d}\xi}\mathrm{d}z\right|\leqslant\left|\int_0^\infty \alpha(z)\mathrm{e}^{-\int_0^z (\mathrm{Re}r+\alpha(\xi))\mathrm{d}\xi}\mathrm{d}z\right|<\int_0^\infty \alpha(z)\mathrm{e}^{-\int_0^z \alpha(\xi)\mathrm{d}\xi}\mathrm{d}z$$

当 $r=\mathrm{i}a, a\in\mathbf{R}, a\neq 0$ 时，有

$$
\begin{aligned}
&\left|\int_0^\infty \alpha(z)\mathrm{e}^{-\int_0^z(r+\alpha(\xi))\mathrm{d}\xi}\mathrm{d}z\right|^2 \\
&=\left|\int_0^\infty \alpha(z)\mathrm{e}^{-\int_0^z\alpha(\xi)\mathrm{d}\xi}(\cos az-\mathrm{i}\sin az)\mathrm{d}z\right| \\
&=\left[\int_0^\infty \alpha(z)\mathrm{e}^{-\int_0^z\alpha(\xi)\mathrm{d}\xi}\cos az\right]^2+\left[\int_0^\infty \alpha(z)\mathrm{e}^{-\int_0^z\alpha(\xi)\mathrm{d}\xi}\sin az\mathrm{d}z\right]^2 \\
&=\int_0^\infty \alpha(z)\mathrm{e}^{-\int_0^z\alpha(\xi)\mathrm{d}\xi}\cos az\mathrm{d}z\int_0^\infty \alpha(v)\mathrm{e}^{-\int_0^v\alpha(\xi)\mathrm{d}\xi}\cos av\mathrm{d}v \\
&\quad+\int_0^\infty \alpha(z)\mathrm{e}^{-\int_0^z\alpha(\xi)\mathrm{d}\xi}\sin az\mathrm{d}z\int_0^\infty \alpha(v)\mathrm{e}^{-\int_0^v\alpha(\xi)\mathrm{d}\xi}\sin av\mathrm{d}v \\
&=\int_0^\infty\int_0^\infty \alpha(z)\alpha(v)\mathrm{e}^{-\int_0^z\alpha(\xi)\mathrm{d}\xi}\mathrm{e}^{-\int_0^v\alpha(\xi)\mathrm{d}\xi}(\cos az\cos av+\sin az\sin av)\mathrm{d}z\mathrm{d}v \\
&=\int_0^\infty\int_0^\infty \alpha(z)\alpha(v)\mathrm{e}^{-\int_0^z\alpha(\xi)\mathrm{d}\xi}\mathrm{e}^{-\int_0^v\alpha(\xi)\mathrm{d}\xi}\cos a(z-v)\mathrm{d}z\mathrm{d}v
\end{aligned}
$$

由引理 5.1.1，有

$$\int_0^\infty\int_0^\infty \alpha(z)\alpha(v)\mathrm{e}^{-\int_0^z\alpha(\xi)\mathrm{d}\xi}\mathrm{e}^{-\int_0^v\alpha(\xi)\mathrm{d}\xi}\mathrm{d}z\mathrm{d}v=1$$

从而有

$$
\begin{aligned}
&1-\int_0^\infty\int_0^\infty \alpha(z)\alpha(v)\mathrm{e}^{-\int_0^z\alpha(\xi)\mathrm{d}\xi}\mathrm{e}^{-\int_0^v\alpha(\xi)\mathrm{d}\xi}\cos a(z-v)\mathrm{d}z\mathrm{d}v \\
&=\int_0^\infty\int_0^\infty \alpha(z)\alpha(v)\mathrm{e}^{-\int_0^z\alpha(\xi)\mathrm{d}\xi}\mathrm{e}^{-\int_0^v\alpha(\xi)\mathrm{d}\xi}(1-\cos a(z-v))\mathrm{d}z\mathrm{d}v\geqslant 0
\end{aligned}
$$

又因为 $\alpha(z)\mathrm{e}^{-\int_0^z\alpha(\xi)\mathrm{d}\xi}\alpha(v)\mathrm{e}^{-\int_0^v\alpha(\xi)\mathrm{d}\xi}$ 与 $1-\cos a(a-z)$ 为非负函数，所以当且仅当 $\cos a(z-v)\equiv 1$ 时等式成立. 因为 $z-v$ 为任意实数，所以当且仅当 $a=0$ 时，$\cos a(z-v)\equiv 1$ 使等式成立. 但这与假设矛盾，所以

$$\left|\int_0^\infty \alpha(z)\mathrm{e}^{-\int_0^z(r+\alpha(\xi))\mathrm{d}\xi}\mathrm{d}z\right|<1$$

下面通过上述引理证明系统算子谱分布的几个主要结论.

定理 5.1.1　若对任意 $r\in\{r\in\mathbf{C}\mid \operatorname{Re}r>0$，或 $r=\mathrm{i}b, b\in\mathbf{R}\setminus\{0\}\}$，属于系统算子 $\boldsymbol{A}+\boldsymbol{U}+\boldsymbol{E}$ 的预解集.

证明　对任意 $\boldsymbol{G}=(\boldsymbol{G}_0,\boldsymbol{G}_1,\boldsymbol{G}_2,\boldsymbol{G}_3)=\big((g_{10},g_{20},\cdots,g_{n0})^{\mathrm{T}},(g_{11},g_{21},\cdots,g_{n1})^{\mathrm{T}},(g_{12},g_{22},\cdots,g_{n2})^{\mathrm{T}},(g_{13},g_{23},\cdots,g_{n3})^{\mathrm{T}}\big)\in X$，考虑算子方程 $[r\boldsymbol{I}-(\boldsymbol{A}+\boldsymbol{U}+\boldsymbol{E})]\boldsymbol{P}=\boldsymbol{G}$，即

$$(r+\lambda_1+\lambda_2+\lambda_5)p_{10}=g_{10}+\mu p_{11}+\int_0^\infty\beta(y)p_{n2}(y)\mathrm{d}y+\int_0^\infty\alpha(z)p_{13}(z)\mathrm{d}z \tag{5-1}$$

$$
\begin{aligned}
(r+\lambda_1+\lambda_2+a^{i-1}\lambda_5)p_{i0}=g_{i0}+\mu p_{i1}&+\int_0^\infty\gamma(y)p_{i-1,2}(y)\mathrm{d}y \\
&+\int_0^\infty\alpha(z)p_{i3}(z)\mathrm{d}z\quad(i=2,3,\cdots,n)
\end{aligned}\tag{5-2}
$$

$$(r+\lambda_3+a^{i-1}\lambda_4+\mu)p_{i1}=g_{i1}+\lambda_1 p_{i0}\quad(i=1,2,\cdots,n) \tag{5-3}$$

$$\frac{\mathrm{d}p_{i2}(y)}{\mathrm{d}y}+[r+\gamma(y)]p_{i2}(y)=g_{i2}(y)\quad(i=1,2,\cdots,n-1)\tag{5-4}$$

$$\frac{\mathrm{d}p_{n2}(y)}{\mathrm{d}y}+[r+\beta(y)]p_{n2}(y)=g_{n2}(y)\tag{5-5}$$

$$\frac{\mathrm{d}p_{i3}(z)}{\mathrm{d}z}+[r+\alpha(z)]p_{i3}(z)=g_{i3}(z)\quad(i=1,2,\cdots,n)\tag{5-6}$$

$$p_{i2}(0)=a^{i-1}\lambda_4 p_{i1}+a^{i-1}\lambda_5 p_{i0}\quad(i=1,2,\cdots,n)\tag{5-7}$$

$$p_{i3}(0)=\lambda_3 p_{i1}+\lambda_2 p_{i0}\quad(i=1,2,\cdots,n)\tag{5-8}$$

解方程（5-4）～（5-6），得

$$\begin{aligned}p_{i2}(y)&=p_{i2}(0)\mathrm{e}^{-\int_0^y[r+\gamma(\xi)]\mathrm{d}\xi}+\int_0^y g_{i2}(\tau)\mathrm{e}^{-\int_\tau^y[r+\gamma(\xi)]\mathrm{d}\xi}\mathrm{d}\tau\\&=(a^{i-1}\lambda_4 p_{i1}+a^{i-1}\lambda_5 p_{i0})\mathrm{e}^{-\int_0^y[r+\gamma(\xi)]\mathrm{d}\xi}+Y_{i2}(y)\quad(i=1,2,\cdots,n-1)\end{aligned}\tag{5-9}$$

$$\begin{aligned}p_{n2}(y)&=p_{n2}(0)\mathrm{e}^{-\int_0^y[r+\beta(\xi)]\mathrm{d}\xi}+\int_0^y g_{n2}(\tau)\mathrm{e}^{-\int_\tau^y[r+\beta(\xi)]\mathrm{d}\xi}\mathrm{d}\tau\\&=(a^{n-1}\lambda_4 p_{n1}+a^{n-1}\lambda_5 p_{n0})\mathrm{e}^{-\int_0^y[r+\beta(\xi)]\mathrm{d}\xi}+Y_{n2}(y)\end{aligned}\tag{5-10}$$

$$\begin{aligned}p_{i3}(z)&=p_{i3}(0)\mathrm{e}^{-\int_0^z[r+\alpha(\xi)]\mathrm{d}\xi}+\int_0^z g_{i3}(\tau)\mathrm{e}^{-\int_\tau^y[r+\alpha(\xi)]\mathrm{d}\xi}\mathrm{d}\tau\\&=(\lambda_3 p_{i1}+\lambda_2 p_{i0})\mathrm{e}^{-\int_0^z[r+\alpha(\xi)]\mathrm{d}\xi}+Y_{i3}(z)\quad(i=1,2,\cdots,n)\end{aligned}\tag{5-11}$$

这里

$$Y_{i2}(y)=\int_0^y g_{i2}(\tau)\mathrm{e}^{-\int_\tau^y[r+\gamma(\xi)]\mathrm{d}\xi}\mathrm{d}\tau\quad(i=1,2,\cdots,n-1)$$

$$Y_{n2}(y)=\int_0^y g_{n2}(\tau)\mathrm{e}^{-\int_\tau^y[r+\beta(\xi)]\mathrm{d}\xi}\mathrm{d}\tau$$

$$Y_{i3}(z)=\int_0^z g_{i3}(\tau)\mathrm{e}^{-\int_\tau^z[r+\alpha(\xi)]\mathrm{d}\xi}\mathrm{d}\tau\quad(i=1,2,\cdots,n)$$

将式（5-10）和式（5-11）代入式（5-1），得

$$\begin{aligned}(r+\lambda_1+\lambda_2+\lambda_5)p_{10}=Y_{10}+\mu p_{11}+p_{n2}(0)\int_0^\infty\beta(y)\mathrm{e}^{-\int_0^y[r+\beta(\xi)]\mathrm{d}\xi}\mathrm{d}y\\+p_{13}(0)\int_0^\infty\alpha(z)\mathrm{e}^{-\int_0^z[r+\alpha(\xi)]\mathrm{d}\xi}\mathrm{d}z\end{aligned}$$

$$\begin{aligned}(r+\lambda_1+\lambda_2+\lambda_5)p_{10}=Y_{10}+\mu p_{11}+(a^{n-1}\lambda_4 p_{n1}+a^{n-1}\lambda_5 p_{n0})\int_0^\infty\beta(y)\mathrm{e}^{-\int_0^y[r+\beta(\xi)]\mathrm{d}\xi}\mathrm{d}y\\+(\lambda_3 p_{11}+\lambda_2 p_{10})\int_0^\infty\alpha(z)\mathrm{e}^{-\int_0^z[r+\alpha(\xi)]\mathrm{d}\xi}\mathrm{d}z\end{aligned}\tag{5-12}$$

同理，可得

$$\begin{aligned}(r+\lambda_1+\lambda_2+a^{i-1}\lambda_5)p_{i0}=Y_{i0}+\mu p_{i1}\\+(a^{i-2}\lambda_4 p_{i-1,1}+a^{i-2}\lambda_5 p_{i-1,0})\int_0^\infty\gamma(y)\mathrm{e}^{-\int_0^y[r+\gamma(\xi)]\mathrm{d}\xi}\mathrm{d}y\\+(\lambda_3 p_{i1}+\lambda_2 p_{i0})\int_0^\infty\alpha(z)\mathrm{e}^{-\int_0^z[r+\alpha(\xi)]\mathrm{d}\xi}\mathrm{d}z\end{aligned}\tag{5-13}$$

结合式（5-3）、式（5-12）和式（5-13）可得

$$
\begin{pmatrix}
r+H_1 & 0 & \cdots & 0 & -a^{n-1}\lambda_5 K & -(\lambda_3 N+\mu) & 0 & \cdots & 0 & -a^{n-1}\lambda_4 K \\
-\lambda_5 M & r+H_2 & \cdots & 0 & 0 & -\lambda_4 M & -(\lambda_3 N+\mu) & \cdots & 0 & 0 \\
\vdots & \vdots & & \vdots & \vdots & \vdots & \vdots & & \vdots & \vdots \\
0 & 0 & \cdots & r+H_{n-1} & 0 & 0 & 0 & \cdots & -(\lambda_3 N+\mu) & 0 \\
0 & 0 & \cdots & -a^{n-2}\lambda_5 M & r+H_n & 0 & 0 & \cdots & -a^{n-2}\lambda_4 M & -(\lambda_3 N+\mu) \\
\lambda_1 & 0 & \cdots & 0 & 0 & r+L_1 & 0 & \cdots & 0 & 0 \\
0 & \lambda_1 & \cdots & 0 & 0 & 0 & r+L_2 & \cdots & 0 & 0 \\
\vdots & \vdots & & \vdots & \vdots & \vdots & \vdots & & \vdots & \vdots \\
0 & 0 & \cdots & \lambda_1 & 0 & 0 & 0 & \cdots & r+L_{n-1} & 0 \\
0 & 0 & \cdots & 0 & \lambda_1 & 0 & 0 & \cdots & 0 & r+L_n
\end{pmatrix}
\begin{pmatrix} p_{10} \\ p_{20} \\ \vdots \\ p_{n-1,0} \\ p_{n0} \\ p_{11} \\ p_{21} \\ \vdots \\ p_{n-1,1} \\ p_{n1} \end{pmatrix}
$$

$$
=\begin{pmatrix} Y_{10} \\ Y_{20} \\ \vdots \\ Y_{n-1,0} \\ Y_{n0} \\ Y_{11} \\ Y_{21} \\ \vdots \\ Y_{n-1,1} \\ Y_{n1} \end{pmatrix}
$$

这里 $M=\int_0^\infty \gamma(y)\mathrm{e}^{-\int_0^\infty [r+\gamma(\xi)]\mathrm{d}\xi}\mathrm{d}y$，$K=\int_0^\infty \beta(y)\mathrm{e}^{-\int_0^\infty [r+\beta(\xi)]\mathrm{d}\xi}\mathrm{d}y$，$L_i=\lambda_3+a^{i-1}\lambda_4+\mu$，$H_i=\lambda_1+a^{i-1}\lambda_5-\lambda_2 N$，$N=\int_0^\infty \alpha(y)\mathrm{e}^{-\int_0^\infty [r+\alpha(\xi)]\mathrm{d}\xi}\mathrm{d}z\ (i=1,2,\cdots,n)$. 当 $\mathrm{Re}\,r>0$ 或者 $r=\mathrm{i}b, b\in\mathbf{R}\setminus\{0\}$ 时，由引理 5.1.2 有

$$
\begin{aligned}
&|r+H_i|=|r+\lambda_1-(1-N)\lambda_2+a^{i-1}\lambda_5|>|\lambda_1+a^{i-1}\lambda_5|=\lambda_1+a^{i-1}\lambda_5>|-\lambda_1|+|-a^{i-1}\lambda_5 M| \\
&|r+H_n|=|r+\lambda_1-(1-N)\lambda_2+a^{n-1}\lambda_5|>|\lambda_1+a^{n-1}\lambda_5|=\lambda_1+a^{n-1}\lambda_5>|-\lambda_1|+|-a^{n-1}\lambda_5 K| \\
&|r+\lambda_3+a^{i-1}\lambda_4+\mu|>|\lambda_3+a^{i-1}\lambda_4+\mu|=\lambda_3+a^{i-1}\lambda_4+\mu>|-(\lambda_3 N+\mu)|+|-a^{i-1}\lambda_5 M| \\
&|r+L_i|=|r+\lambda_3+a^{n-1}\lambda_4+\mu|>|\lambda_3+a^{n-1}\lambda_4+\mu|=\lambda_3+a^{n-1}\lambda_4+\mu>|-(\lambda_3 N+\mu)|+|-a^{n-1}\lambda_5 K|
\end{aligned}
$$

这里 $i=1,2,\cdots,n-1$.

由此可知以上矩阵是严格对角占优矩阵，所以它是可逆矩阵，从而上述方程组存在唯一解 $(p_{10},p_{20},\cdots,p_{n0},p_{11},p_{21},\cdots,p_{n2})^{\mathrm{T}}$. 同时由引理 5.1.2 及式（5-9）～式（5-11）可知，当 $\mathrm{Re}\,r>0$ 或者 $r=\mathrm{i}b(b\in\mathbf{R},b\neq 0)$ 时，方程程 $[r\boldsymbol{I}-(\boldsymbol{A}+\boldsymbol{U}+\boldsymbol{E})]$ 是闭的，且 $D(\boldsymbol{A})$ 在 X 中稠. 由逆算子定理可知 $[r\boldsymbol{I}-(\boldsymbol{A}+\boldsymbol{U}+\boldsymbol{E})]^{-1}$ 存在，又由闭算子定理可知 $[r\boldsymbol{I}-(\boldsymbol{A}+\boldsymbol{U}+\boldsymbol{E})]^{-1}$ 是有界算子. 根据正则点定义可知 r 为系统算子正则点.

定理 5.1.2　0 是系统算子 $\boldsymbol{A}+\boldsymbol{U}+\boldsymbol{E}$ 的代数重数为 1 的特征值.

证明 考虑算子方程 $(\boldsymbol{A}+\boldsymbol{U}+\boldsymbol{E})\boldsymbol{P}=\boldsymbol{0}$ 在 $D(\boldsymbol{A})$ 有非零解 $\boldsymbol{P}$，则 0 为算子 $(\boldsymbol{A}+\boldsymbol{U}+\boldsymbol{E})$ 的特征值. 因此考虑算子方程 $(\boldsymbol{A}+\boldsymbol{U}+\boldsymbol{E})\boldsymbol{P}=\boldsymbol{0}$，即

$$(\lambda_1+\lambda_2+\lambda_5)p_{10}=\mu p_{11}+\int_0^{\infty}\beta(y)p_{n2}(y)\mathrm{d}y+\int_0^{\infty}\alpha(z)p_{13}(z)\mathrm{d}z \tag{5-14}$$

$$(\lambda_1+\lambda_2+a^{i-1}\lambda_5)p_{i0}=\mu p_{i1}+\int_0^{\infty}\gamma(y)p_{i-1,2}(y)\mathrm{d}y+\int_0^{\infty}\alpha(z)p_{i3}(z)\mathrm{d}z \quad (i=2,3,\cdots,n) \tag{5-15}$$

$$(\lambda_3+a^{i-1}\lambda_4+\mu)p_{i1}=\lambda p_{i0} \quad (i=1,2,\cdots,n) \tag{5-16}$$

$$\frac{\mathrm{d}p_{i2}(y)}{\mathrm{d}y}+\gamma(y)p_{i2}(y)=0 \quad (i=1,2,\cdots,n-1) \tag{5-17}$$

$$\frac{\mathrm{d}p_{n2}(y)}{\mathrm{d}y}+\beta(y)p_{n2}(y)=0 \tag{5-18}$$

$$\frac{\mathrm{d}p_{i3}(z)}{\mathrm{d}z}+\alpha(z)p_{i3}(z)=0 \quad (i=1,2,\cdots,n) \tag{5-19}$$

$$p_{i2}(0)=a^{i-1}\lambda_4 p_{i1}+a^{i-1}\lambda_5 p_{i0} \quad (i=1,2,\cdots,n) \tag{5-20}$$

$$p_{i3}(0)=\lambda_3 p_{i1}+\lambda_2 p_{i0} \quad (i=1,2,\cdots,n) \tag{5-21}$$

由式（5-17）～式（5-19）并结合边界条件，得

$$p_{i2}(y)=p_{i2}(0)\mathrm{e}^{-\int_0^y\gamma(\xi)\mathrm{d}\xi}=(a^{i-1}\lambda_4 p_{i1}+a^{i-1}\lambda_5 p_{i0})\mathrm{e}^{-\int_0^y\gamma(\xi)\mathrm{d}\xi} \tag{5-22}$$

$$p_{n2}(y)=p_{n2}(0)\mathrm{e}^{-\int_0^y\beta(\xi)\mathrm{d}\xi}=(a^{n-1}\lambda_4 p_{n1}+a^{n-1}\lambda_5 p_{n0})\mathrm{e}^{-\int_0^y\beta(\xi)\mathrm{d}\xi} \tag{5-23}$$

$$p_{i3}(z)=p_{i3}(0)\mathrm{e}^{-\int_0^z\beta(\xi)\mathrm{d}\xi}=(\lambda_3 p_{i1}+\lambda_2 p_{i0})\mathrm{e}^{-\int_0^z\beta(\xi)\mathrm{d}\xi} \tag{5-24}$$

将式（5-22）～式（5-24）代入式（5-14），得

$$\begin{aligned}(\lambda_1+\lambda_2+\lambda_5)p_{10}&=\mu p_{11}+\int_0^{\infty}\beta(y)p_{n2}(0)\mathrm{e}^{-\int_0^y\beta(\xi)\mathrm{d}\xi}\mathrm{d}y+\int_0^{\infty}\alpha(z)p_{13}(0)\mathrm{e}^{-\int_0^z\alpha(\xi)\mathrm{d}\xi}\mathrm{d}z\\&=\mu p_{11}+(a^{n-1}\lambda_4 p_{n1}+a^{n-1}\lambda_5 p_{n0})\int_0^{\infty}\beta(y)\mathrm{e}^{-\int_0^y\beta(\xi)\mathrm{d}\xi}\mathrm{d}y\\&\quad+(\lambda_3 p_{11}+\lambda_2 p_{10})\int_0^{\infty}\alpha(z)\mathrm{e}^{-\int_0^z\alpha(\xi)\mathrm{d}\xi}\mathrm{d}z\end{aligned} \tag{5-25}$$

由引理 5.1.1 及式（5-16）可得

$$\begin{gathered}(\lambda_1+\lambda_2+\lambda_5)p_{10}=\mu p_{11}+(a^{n-1}\lambda_4 p_{n1}+a^{n-1}\lambda_5 p_{n0})+(\lambda_3 p_{11}+\lambda_2 p_{10})\\p_{n0}=\frac{\Lambda_1+\lambda_5}{\Lambda_n+a^{n-1}\lambda_5}p_{10}\end{gathered} \tag{5-26}$$

其中，$\Lambda_n=\dfrac{a^{n-1}\lambda_1\lambda_5}{\lambda_3+a^{n-1}\lambda_4+\mu}$，$\Lambda_1=\dfrac{\lambda_1\lambda_4}{\lambda_3+\lambda_4+\mu}$.

同理，将式（5-22）和式（5-23）代入式（5-15），得

$$\begin{aligned}(\lambda_1+\lambda_2+a^{i-1}\lambda_5)p_{i0}&=\mu p_{i1}+\int_0^{\infty}\gamma(y)p_{i-1,2}(0)\mathrm{e}^{-\int_0^y\gamma(\xi)\mathrm{d}\xi}\mathrm{d}y+\int_0^{\infty}\alpha(z)p_{i3}(0)\mathrm{e}^{-\int_0^z\alpha(\xi)\mathrm{d}\xi}\mathrm{d}z\\&=\mu p_{i1}+(a^{i-2}\lambda_4 p_{i-1,1}+a^{i-2}\lambda_5 p_{i-1,0})\int_0^{\infty}\gamma(y)\mathrm{e}^{-\int_0^y\gamma(\xi)\mathrm{d}\xi}\mathrm{d}y\\&\quad+(\lambda_3 p_{i1}+\lambda_2 p_{i0})\int_0^{\infty}\alpha(z)\mathrm{e}^{-\int_0^z\alpha(\xi)\mathrm{d}\xi}\mathrm{d}z\end{aligned} \tag{5-27}$$

由引理 5.2.1 及式（5-16），得

$$(\lambda_1+\lambda_2+a^{i-1}\lambda_5)p_{i0}=\mu p_{i1}+(a^{i-2}\lambda_4 p_{i-1,1}+a^{i-2}\lambda_5 p_{i-1,0})+(\lambda_3 p_{i1}+\lambda_2 p_{i0})$$

$$p_{i0}=\frac{\Lambda_{i-1}+a^{i-2}\lambda_5}{\Lambda_i+a^{i-1}\lambda_5}p_{i-1,0} \tag{5-28}$$

其中，$\Lambda_{i-1}=\dfrac{a^{i-2}\lambda_1\lambda_4}{\lambda_3+a^{i-2}\lambda_4+\mu}$，$\Lambda_i=\dfrac{a^{i-1}\lambda_1\lambda_4}{\lambda_3+a^{i-1}\lambda_4+\mu}$，则由式（5-16）、式（5-26）和式（5-28）可得

$$p_{i0}=\frac{\Lambda_1+\lambda_5}{\Lambda_i+a^{i-1}\lambda_5}p_{10} \tag{5-29}$$

$$p_{i1}=\frac{\lambda_1}{\lambda_3+a^{i-1}\lambda_4+\mu}p_{i0}=\frac{\Lambda_i}{a^{i-1}\lambda_4}\frac{\Lambda_1+\lambda_5}{\Lambda_i+a^{i-1}\lambda_5}p_{10} \tag{5-30}$$

其中，p_{10} 为任意实数. 取 $p_{10}>0$，从而易得 $p_{i1}>0, p_{i2}(y)>0, p_{i3}(z)>0$，$\forall y,z\in[0,\infty)$ $(i=1,2,\cdots,n)$，因此向量 $\boldsymbol{P}^*=(\boldsymbol{P}_0^*,\boldsymbol{P}_1^*(x),\boldsymbol{P}_2^*(y),\boldsymbol{P}_3^*(z))=((p_{10}^*,p_{20}^*,\cdots,p_{n0}^*)^{\mathrm{T}},(p_{11}^*,p_{21}^*,\cdots,p_{n1}^*)^{\mathrm{T}},$ $(p_{12}^*(y),p_{22}^*(y),\cdots,p_{n2}^*(y))^{\mathrm{T}},(p_{13}^*(z),p_{23}^*(z),\cdots,p_{n3}^*(z))^{\mathrm{T}})$ 是系统算子 0 特征值对应的特征向量. 这里的各分量分别为式（5-22）～式（5-24）、式（5-29）和式（5-30）所示. 显然，0 在 $\boldsymbol{X}$ 中的代数重数为 1.

最后我们给出系统主算子的一些性质. 利用 C_0 半群理论和共尾理论的相关理论证明主算子的定义域在全空间中共尾，从而得到谱上界与增长界相等的结论.

定义 5.1.1　若 $s(\boldsymbol{B})=\inf\{\omega\in\mathbf{R}\,|\,(\omega,\infty)\subset\rho(\boldsymbol{B})$，且对任给 $\lambda>\omega$，有 $R(\lambda,\boldsymbol{B})\geqslant 0\}$，则称 $s(\boldsymbol{B})$ 为算子 $\boldsymbol{B}$ 的谱上界.

定义 5.1.2　若 $\omega(\boldsymbol{B})=\inf\{\omega\in\mathbf{R}\,|$ 存在 $M\geqslant 1$，使得对任给 $t\geqslant 0$，有 $\|T(t)\|\leqslant M\mathrm{e}^{\omega t}\}$，则称 $\omega(\boldsymbol{B})$ 为算子 $\boldsymbol{B}$ 的增长界.

定义 5.1.3　设集合 C 为集合 E 的子集，若对任意 $f\in E$，存在 $g\in C$，使得 $f\leqslant g$，则称 C 在 E 中共尾.

定理 5.1.3　设 $c=\min\left\{\lim\limits_{y\to\infty}\dfrac{1}{y}\displaystyle\int_0^y\gamma(\xi)\mathrm{d}\xi,\lim\limits_{y\to\infty}\dfrac{1}{y}\int_0^y\beta(\xi)\mathrm{d}\xi,\lim\limits_{y\to\infty}\dfrac{1}{z}\int_0^z\alpha(\xi)\mathrm{d}\xi\right\}$，当 $r\geqslant -c$ 时，$r\in\rho(\boldsymbol{A})$.

证明　由定理 4.3.1，易得 $r\geqslant 0$，$r\in\rho(\boldsymbol{A})$. 下面证明 $-c\leqslant r<0$ 的情形. 若存在 $r\geqslant -c$，存在 $k_i>0$，使得当 $y\geqslant k_1$ 有 $r+\dfrac{1}{y}\displaystyle\int_0^y\gamma(\xi)\mathrm{d}\xi>0$. 从而 $\displaystyle\int_{k_1}^\infty \mathrm{e}^{-y\left[r+\frac{1}{y}\int_0^y\gamma(\xi)\mathrm{d}\xi\right]}\mathrm{d}y=M_{k_1}<\infty$，且 $\displaystyle\int_0^{k_1}\mathrm{e}^{-y\left[r+\frac{1}{y}\int_0^y\gamma(\xi)\mathrm{d}\xi\right]}\mathrm{d}y=M_{k_1}'<\infty$. 故 $\displaystyle\int_0^\infty\mathrm{e}^{-y\left[r+\frac{1}{y}\int_0^y\gamma(\xi)\mathrm{d}\xi\right]}\mathrm{d}y=M_{k_1}+M_{k_1}'=M_1<\infty$.

同理有

$$\int_0^\infty\mathrm{e}^{-y\left[r+\frac{1}{y}\int_0^y\beta(\xi)\mathrm{d}\xi\right]}\mathrm{d}y=M_{k_2}+M_{k_2}'=M_2<\infty$$

$$\int_0^\infty\mathrm{e}^{-z\left[r+\frac{1}{z}\int_0^z\alpha(\xi)\mathrm{d}\xi\right]}\mathrm{d}y=M_{k_3}+M_{k_3}'=M_3<\infty$$

$$\|p_{i2}(y)\|=\int_0^\infty\left|p_{i2}(0)\mathrm{e}^{-y\left[r+\frac{1}{y}\int_0^y\gamma(\xi)\mathrm{d}\xi\right]}+\int_0^y g_{i2}(\tau)\mathrm{e}^{-(y-\tau)\left[r+\frac{1}{y-\tau}\int_\tau^y\gamma(\xi)\mathrm{d}\xi\right]}\mathrm{d}\tau\right|\mathrm{d}y$$

$$\leqslant|p_{i2}(0)|\int_0^\infty\mathrm{e}^{-y\left[r+\frac{1}{y}\int_0^y\gamma(\xi)\mathrm{d}\xi\right]}+\int_0^\infty\left(\int_0^y|g_{i2}(\tau)|\mathrm{e}^{-(y-\tau)\left[r+\frac{1}{y-\tau}\int_0^y\gamma(\xi)\mathrm{d}\xi\right]}\mathrm{d}\tau\right)\mathrm{d}y$$

$$=\left|p_{i2}(0)|M_1+\int_0^\infty|g_{i2}(\tau)\right|\int_\tau^\infty\mathrm{e}^{-y\left[r+\frac{1}{y}\int_0^y\gamma(\xi)\mathrm{d}\xi\right]}\mathrm{d}y\mathrm{d}\tau$$

$$\leqslant|p_{i2}(0)|M_1+\|g_{i2}(\tau)\|M_1$$

这里$i=1,2,\cdots,n-1$.

当$i=n$时，有

$$\|p_{n2}(y)\|=\int_0^\infty\left|p_{i2}(0)\mathrm{e}^{-y\left[r+\frac{1}{y}\int_0^y\beta(\xi)\mathrm{d}\xi\right]}+\int_0^y g_{i2}(\tau)\mathrm{e}^{-(y-\tau)\left[r+\frac{1}{y-\tau}\int_\tau^y\beta(\xi)\mathrm{d}\xi\right]}\mathrm{d}\tau\right|\mathrm{d}y$$

$$\leqslant|p_{i2}(0)|\int_0^\infty\mathrm{e}^{-y\left[r+\frac{1}{y}\int_0^y\beta(\xi)\mathrm{d}\xi\right]}+\int_0^\infty\left[\int_0^y|g_{i2}(\tau)|\mathrm{e}^{-(y-\tau)\left[r+\frac{1}{y-\tau}\int_0^y\beta(\xi)\mathrm{d}\xi\right]}\mathrm{d}\tau\right]\mathrm{d}y$$

$$=|p_{i2}(0)|M_2+\int_0^\infty|g_{i2}(\tau)|\int_\tau^\infty\mathrm{e}^{-y\left[r+\frac{1}{y}\int_0^y\beta(\xi)\mathrm{d}\xi\right]}\mathrm{d}y\mathrm{d}\tau$$

$$\leqslant|p_{i2}(0)|M_2+\|g_{i2}(\tau)\|M_2$$

结合边界条件，有

$$\|p_{i2}(y)\|\leqslant M_1\left|\frac{a^{i-1}\lambda_4}{r+\lambda_3+a^{i-1}\lambda_4+\mu}g_{i1}+\frac{a^{i-1}\lambda_5}{r+\lambda_1+a^{i-1}\lambda_5+\lambda_2}g_{i0}\right|+\|g_{i2}(\tau)\|M_1$$

$$\leqslant b'[|g_{i1}|+|g_{i0}|+\|g_{i2}(y)\|]$$

这里$b'=\max\left\{\left|\frac{a^{i-1}\lambda_4}{r+\lambda_3+a^{i-1}\lambda_4+\mu}\right|M_1,\left|\frac{a^{i-1}\lambda_5}{r+\lambda_1+a^{i-1}\lambda_5+\lambda_2}\right|M_1,M_1\right\}$.

$$\|p_{n2}(y)\|\leqslant M_2\left|\frac{a^{i-1}\lambda_4}{r+\lambda_3+a^{i-1}\lambda_4+\mu}g_{n1}+\frac{a^{i-1}\lambda_5}{r+\lambda_1+a^{i-1}\lambda_5+\lambda_2}g_{n0}\right|+\|g_{n2}(\tau)\|M_2$$

$$\leqslant b''[|g_{n1}|+|g_{n0}|+\|g_{n2}(y)\|]$$

这里$b''=\max\left\{\left|\frac{a^{n-1}\lambda_4}{r+\lambda_3+a^{n-1}\lambda_4+\mu}\right|M_2,\left|\frac{a^{n-1}\lambda_5}{r+\lambda_1+a^{n-1}\lambda_5+\lambda_2}\right|M_2,M_2\right\}$.

令$b=\max\{b',b''\}$，则$\|p_{i2}(y)\|\leqslant b[|g_{i1}|+|g_{i0}|+\|g_{i2}(y)\|]$，$i=1,2,\cdots,n$. 同理可得

$$\|p_{i3}(y)\|\leqslant d[|g_{i1}|+|g_{i0}|+\|g_{i3}(y)\|]\text{，}\quad i=1,2,\cdots,n$$

$$d=\max\left\{\left|\frac{\lambda_3}{r+\lambda_3+a^{n-1}\lambda_4+\mu}\right|M_3,\ \left|\frac{\lambda_2}{r+\lambda_1+a^{n-1}\lambda_5+\lambda_2}\right|M_3,M_3\right\}$$

综上所述，有

$$\|\boldsymbol{P}\|\leqslant\sum_{i=1}^n b\|g_{i2}(\tau)\|+\sum_{i=1}^n d\|g_{i3}(\tau)\|+\sum_{i=1}^n\left[b+d+\frac{1}{r+\lambda_1+a^{i-1}\lambda_5+\lambda_2}\right]|g_{i0}|$$

$$+\sum_{i=1}^n\left[\frac{1}{r+\lambda_3+a^{i-1}\lambda_4+\mu}+b+d\right]|g_{i1}|$$

取$|g_{i1}|,\|g_{i2}\|,\|g_{i3}\|,|g_{i0}|$系数最大者，则$\|\boldsymbol{P}\|\leqslant D\|\boldsymbol{G}\|$. 即当$-c\leqslant r<0$时，$r\boldsymbol{I}-\boldsymbol{A}$有

界可逆. 由 $\boldsymbol{G}$ 的任意性可知，当 $r \geqslant -c$ 时，$r \in \rho(\boldsymbol{A})$.

定理 5.1.4　当 $r < -c$ 时，$r \in \sigma(\boldsymbol{A})$ 且 $s(\boldsymbol{A}) = -c$.

证明　假设当 $r < -c$ 时，$r \in \rho(\boldsymbol{A})$，即 $(r\boldsymbol{I} - \boldsymbol{A})\boldsymbol{P} = \boldsymbol{G}$ 有解. 对任意 $\varepsilon \in \mathbf{R}^+$，$-\varepsilon < r + c < 0$，$r + \lim\limits_{y\to\infty}\frac{1}{y}\int_0^y \gamma(\xi)\mathrm{d}\xi, r + \lim\limits_{y\to\infty}\frac{1}{y}\int_0^y \beta(\xi)\mathrm{d}\xi, r + \lim\limits_{z\to\infty}\frac{1}{z}\int_0^z \alpha(\xi)\mathrm{d}\xi$ 中至少有一个小于零. 不妨设 $r + \lim\limits_{y\to\infty}\frac{1}{y}\int_0^y \gamma(\xi)\mathrm{d}\xi < 0$，存在 $k > 0$，当 $y > k$ 时有 $r + \lim\limits_{y\to\infty}\frac{1}{y}\int_0^y \gamma(\xi)\mathrm{d}\xi < 0$，则

$$N_1 = \int_0^k \mathrm{e}^{-y\left[r+\frac{1}{y}\int_0^y \gamma(\xi)\mathrm{d}\xi\right]}\mathrm{d}x + \int_k^\infty \mathrm{e}^{-y\left[r+\frac{1}{y}\int_0^y \gamma(\xi)\mathrm{d}\xi\right]}\mathrm{d}x = \infty$$

$\boldsymbol{G} = \{\boldsymbol{G} \in R(\lambda\boldsymbol{I} - \boldsymbol{A}) \mid g_{i2}(y), g_{i3}(z) \geqslant 0, y, z > 0, i = 1, 2, \cdots, n\}$，对于方程$(r\boldsymbol{I} - \boldsymbol{A})\boldsymbol{P} = \boldsymbol{G}$ 的解中的 $p_{12}(y)$，有

$$\begin{aligned}
\| p_{12}(y) \| &= \int_0^\infty \left| p_{12}(0)\mathrm{e}^{-y\left[r+\frac{1}{y}\int_0^y \gamma(\xi)\mathrm{d}\xi\right]} + \int_0^y g_{12}(\tau)\mathrm{e}^{-y\left[r+\frac{1}{y}\int_0^y \gamma(\xi)\mathrm{d}\xi\right]}\mathrm{d}\tau \right| \mathrm{d}y \\
&> \int_0^\infty \left| p_{12}(0)\mathrm{e}^{-y\left[r+\frac{1}{y}\int_0^y \gamma(\xi)\mathrm{d}\xi\right]} \right| \mathrm{d}y \\
&= | p_{12}(0) | \cdot N_1 = \infty
\end{aligned}$$

从而 $\| \boldsymbol{P} \| = \sum\limits_{j=0}^{1}\sum\limits_{i=1}^{n} | p_{ij} | + \sum\limits_{i=1}^{n} \| p_{i2} \| + \sum\limits_{i=1}^{n} \| p_{i3} \| = \infty$. 这与假设相矛盾.

所以当 $-c - \varepsilon < r < -c$ 时，$r \in \sigma(\boldsymbol{A})$. 再由 ε 任意性可知，当 $r < -c$ 时，$r \in \sigma(\boldsymbol{A})$；当 $r \geqslant -c$ 时，$r \in \rho(\boldsymbol{A})$，即 $s(\boldsymbol{A}) = -c$.

定理 5.1.5　主算子 $\boldsymbol{A}$ 的对偶算子 $\boldsymbol{A}^*$ 为

$$\boldsymbol{A}^*\boldsymbol{Q} = \begin{pmatrix}
-(\lambda_1 + \lambda_2 + \lambda_5)q_{10} + \lambda_5 q_{12}(0) + \lambda_2 q_{13}(0) \\
\vdots \\
-(\lambda_1 + \lambda_2 + a^{n-1}\lambda_5)q_{n0} + a^{n-1}\lambda_5 q_{n2}(0) + \lambda_2 q_{n3}(0) \\
-(\lambda_3 + \lambda_4 + \mu)q_{11} + \lambda_4 q_{12}(0) + \lambda_3 q_{13}(0) \\
\vdots \\
-(\lambda_3 + a^{n-1}\lambda_4 + \mu)q_{n1} + a^{n-1}\lambda_4 q_{n2}(0) + \lambda_3 q_{n3}(0) \\
\left[\dfrac{\mathrm{d}}{\mathrm{d}y} - \gamma(y)\right] q_{12}(y) \\
\vdots \\
\left[\dfrac{\mathrm{d}}{\mathrm{d}y} - \beta(y)\right] q_{n2}(y) \\
\left[\dfrac{\mathrm{d}}{\mathrm{d}z} - \alpha(z)\right] q_{13}(z) \\
\vdots \\
\left[\dfrac{\mathrm{d}}{\mathrm{d}z} - \alpha(z)\right] q_{n3}(z)
\end{pmatrix}$$

$D(A^*)=\{Q\in X^*\mid q_{i2}(y),q_{i3}(z)$ 绝对连续，且 $q_{i2}(y),q_{i3}(z),\ \dfrac{\mathrm{d}q_{i2}(y)}{\mathrm{d}y},\ \ \dfrac{\mathrm{d}q_{i3}(z)}{\mathrm{d}z}\in L^\infty[0,\infty),$

$i=1,\cdots,n\}$.

证明　对任何 $P\in D(A)$，$Q\in X^*$ 有

$$
\begin{aligned}
&\langle AP,Q\rangle\\
&=-\sum_{i=1}^{n}q_{i0}(\lambda_1+\lambda_2+a^{i-1}\lambda_5)p_{i0}-\sum_{i=1}^{n}q_{i1}(\lambda_3+a^{i-1}\lambda_4+\mu)p_{i1}\\
&\quad+\sum_{i=1}^{n-1}\int_0^\infty\left[\left(-\frac{\mathrm{d}}{\mathrm{d}y}-\gamma(y)\right)p_{i2}(y)\right]q_{i2}(y)+\int_0^\infty\left[\left(-\frac{\mathrm{d}}{\mathrm{d}y}-\beta(y)\right)p_{n2}(y)\right]q_{n2}(y)\\
&\quad+\sum_{i=1}^{n}\int_0^\infty\left[\left(-\frac{\mathrm{d}}{\mathrm{d}z}-\alpha(z)\right)p_{i3}(z)\right]q_{i3}(z)\\
&=-\sum_{i=1}^{n}q_{i0}(\lambda_1+\lambda_2+a^{i-1}\lambda_5)p_{i0}-\sum_{i=1}^{n}q_{i1}(\lambda_3+a^{i-1}\lambda_4+\mu)p_{i1}\\
&\quad+\sum_{i=1}^{n-1}\left\{-p_{i2}(y)q_{i2}(y)\Big|_0^\infty+\int_0^\infty\left[\left(\frac{\mathrm{d}}{\mathrm{d}y}-\gamma(y)\right)q_{i2}(y)\right]p_{i2}(y)\mathrm{d}y\right\}\\
&\quad-p_{i2}(y)q_{i2}(y)\Big|_0^\infty+\int_0^\infty\left[\left(\frac{\mathrm{d}}{\mathrm{d}y}-\beta(y)\right)q_{n2}(y)\right]p_{n2}(y)\mathrm{d}y\Bigg]\\
&+\sum_{i=1}^{n}\left\{-p_{i3}(z)q_{i3}(z)\Big|_0^\infty+\int_0^\infty\left[\left(\frac{\mathrm{d}}{\mathrm{d}z}-\alpha(z)\right)q_{i2}(z)\right]p_{i2}(z)\mathrm{d}z\right\}\\
&=\sum_{i=1}^{n}[-q_{i0}(\lambda_1+\lambda_2+a^{i-1}\lambda_5)+a^{i-1}\lambda_5q_{i2}(0)+\lambda_2q_{i3}(0)]p_{i0}\\
&\quad+\sum_{i=1}^{n}[-q_{i1}(\lambda_3+\mu+a^{i-1}\lambda_4)+a^{i-1}\lambda_4q_{i2}(0)+\lambda_3q_{i3}(0)]p_{i1}\\
&\quad+\sum_{i=1}^{n-1}\int_0^\infty\left[\frac{\mathrm{d}}{\mathrm{d}y}-\gamma(y)\right]q_{i2}(y)p_{i2}(y)\mathrm{d}y+\int_0^\infty\left[\frac{\mathrm{d}}{\mathrm{d}y}-\beta(y)\right]q_{n2}(y)p_{n2}(y)\mathrm{d}y\\
&\quad+\sum_{i=1}^{n}\int_0^\infty\left[\frac{\mathrm{d}}{\mathrm{d}z}-\alpha(z)\right]q_{i3}(z)p_{i3}(z)\mathrm{d}z\\
&=\langle P,A^*Q\rangle
\end{aligned}
$$

显然，$D(A^*)=\left\{Q\in X^*\mid q_{i2}(y),q_{i3}(z)\text{绝对连续，且}q_{i2}(y),q_{i3}(z),\dfrac{\mathrm{d}q_{i2}(y)}{\mathrm{d}y},\dfrac{\mathrm{d}q_{i3}(z)}{\mathrm{d}z}\in L^\infty[0,\infty),i=1,\cdots,n\right\}$.

定理 5.1.6　系统算子 A 满足 $s(A)=\omega(A)=-c$.

证明　由状态空间的假设知状态空间 X 及空间上范数为

$$X=\left\{P=(P^0,P^1,P^2,P^3)\mid P^0,P^1\in\mathbf{R}^n,P^2,P^3\in(L^1[0,\infty))^n,\ \|P\|=\sum_{i=0}^{1}|P^i|+\sum_{j=2}^{3}\|P^j\|\right\},$$

这里 $\boldsymbol{P}^0=(p_{10},p_{20},\cdots,p_{n0})^{\mathrm{T}}$， $\boldsymbol{P}^2=(p_{12}(y),p_{22}(y),\cdots,p_{n2}(y))^{\mathrm{T}}$， $\boldsymbol{P}^1=(p_{11},p_{21},\cdots,p_{n1})^{\mathrm{T}}$， $\boldsymbol{P}^3=(p_{13}(z),p_{23}(z),\cdots,p_{n3}(z))^{\mathrm{T}}$，其中，$|\boldsymbol{P}^0|=\sum_{i=1}^{n}|p_{i0}|$，$\|\boldsymbol{P}^2\|=\sum_{i=1}^{n}\|p_{i2}(y)\|$，$|\boldsymbol{P}^1|=\sum_{i=1}^{n}|p_{i1}|$，$\|\boldsymbol{P}^3\|=\sum_{i=1}^{n}\|p_{i3}(z)\|$.

$$X^*=\left\{\boldsymbol{Q}=(\boldsymbol{Q}^0,\boldsymbol{Q}^1,\boldsymbol{Q}^2,\boldsymbol{Q}^3)\in\mathbf{R}^n\times\mathbf{R}^n\times(L^\infty[0,\infty))^n\times(L^\infty[0,\infty))^n\ \middle|\ \|\boldsymbol{Q}\|<\infty\right\}$$

这里

$$\boldsymbol{Q}^0=(q_{10},q_{20},\cdots,q_{n0})^{\mathrm{T}}$$
$$\boldsymbol{Q}^1=(q_{11},q_{21},\cdots,q_{n1})^{\mathrm{T}}$$
$$\boldsymbol{Q}^2=(q_{12}(y),q_{22}(y),\cdots,q_{n2}(y))^{\mathrm{T}}$$
$$\boldsymbol{Q}^3=(q_{13}(z),q_{23}(z),\cdots,q_{n3}(z))^{\mathrm{T}}$$

其中，$\|\boldsymbol{Q}\|=\sup\{|\boldsymbol{Q}^j|,\|\boldsymbol{Q}^{j+2}\|,j=0,1\}$，且

$$\|\boldsymbol{Q}^2\|=\|(q_{12}(y),\cdots,q_{n2}(y)^{\mathrm{T}}\|=\sup\{\|q_{i2}(y)\|_{L^\infty(R_+)},i=1,\cdots,n\}$$
$$\|\boldsymbol{Q}^3\|=\|(q_{13}(z),\cdots,q_{n3}(z)^{\mathrm{T}}\|=\sup\{\|q_{i3}(z)\|_{L^\infty(R_+)},i=1,\cdots,n\}$$

X^*中的正锥 $X_+^*=X^*\cap\{\boldsymbol{Q}\,|\,q_{ij}\geqslant 0,q_{i2}(y),q_{i3}(z)\geqslant 0,y,z\geqslant 0,i=1,2,\cdots,n,j=0,1\}$. $D(\boldsymbol{A}^*)=\left\{\boldsymbol{Q}\in X^*\,|\,q_{i2}(y),q_{i3}(z)\text{绝对连续且}q_{i2}(y),q_{i3}(z),\dfrac{\mathrm{d}q_{i2}(y)}{\mathrm{d}y},\dfrac{\mathrm{d}q_{i3}(z)}{\mathrm{d}z}\in L^\infty[0,\infty),i=1,\cdots,n\right\}$.从而 $\boldsymbol{A}^*$ 定义域中的正锥为 $D(\boldsymbol{A}^*)_+=X_+^*\cap D(\boldsymbol{A}^*)$.

任取 $\boldsymbol{f}=(f_{10},\cdots,f_{n0},f_{11},\cdots,f_{n1},f_{12}(y),\cdots,f_{n2}(y),f_{13}(z),\cdots,f_{n3}(z))^{\mathrm{T}}\in X$，则

$$\|\boldsymbol{f}\|=\sup\{|f_{ij}|,\|f_{i2}(y)\|,\|f_{i3}(z)\|,i=1,\cdots,n,j=0,1\}$$

故 $\|\boldsymbol{f}\|\geqslant\|f_{i2}(y)\|_{L^\infty}$，$\|\boldsymbol{f}\|\geqslant|f_{ij}|$，$\|\boldsymbol{f}\|\geqslant\|f_{i3}(z)\|_{L^\infty}$.

取 $1(x)=1$， $x\in[0,\infty)$， 则 $1(x)\in L^\infty[0,\infty)$ 绝对连续且 $\dfrac{\mathrm{d}}{\mathrm{d}x}1(x)\in L^\infty[0,\infty)$， 所以 $\boldsymbol{h}=\left(\|\boldsymbol{f}\|,\cdots,\|\boldsymbol{f}\|,\|\boldsymbol{f}\|1(x),\cdots,\|\boldsymbol{f}\|1(x)\right)^{\mathrm{T}}\in D(\boldsymbol{A}^*)_+$， 从而 $f\leqslant h$. 于是 $D(\boldsymbol{A}^*)_+$ 在 X_+^* 中共尾. 结合定理 4.3.1 和定理 4.3.2，系统主算子 $\boldsymbol{A}$ 为稠定的预解正算子，则主算子 $\boldsymbol{A}$ 生成一个 C_0 半群，且 $s(\boldsymbol{A})=\omega(\boldsymbol{A})=-c$.

5.2 系统的渐近稳定性

下面考虑系统算子 $\boldsymbol{A}+\boldsymbol{U}+\boldsymbol{E}$ 的对偶算子 $(\boldsymbol{A}+\boldsymbol{U}+\boldsymbol{E})^*$ 的一些相关性质. 首先，易知空间 X 的对偶空间 X^* 为

$$X^*=\{\boldsymbol{Q}=(\boldsymbol{Q}_0,\boldsymbol{Q}_1,\boldsymbol{Q}_2,\boldsymbol{Q}_3)\in\mathbf{R}^n\times\mathbf{R}^n\times(L^\infty(\mathbf{R}^+))^n\times(L^\infty(\mathbf{R}^+))^n\}$$

其中，

$$\|\boldsymbol{Q}\|=\sup\{\|\boldsymbol{Q}_0\|,\|\boldsymbol{Q}_1\|,\|\boldsymbol{Q}_j\|,j=2,3\}$$
$$\|\boldsymbol{Q}_2\|=\|(q_{12}(y),q_{22}(y),\cdots,q_{n2}(y))^{\mathrm{T}}\|=\sup\{\|q_{i2}(y),\quad i=1,2,\cdots,n\}$$

$$\|\boldsymbol{Q}_3\|=\|(q_{13}(z),q_{23}(y),\cdots,q_{n3}(y))^{\mathrm{T}}\|=\sup\{\|q_{i3}(y)\|,i=1,2,\cdots,n\}$$

定理 5.2.1 系统算子 $\boldsymbol{A}+\boldsymbol{U}+\boldsymbol{E}$ 的对偶算子 $(\boldsymbol{A}+\boldsymbol{U}+\boldsymbol{E})^*$ 满足

$$(\boldsymbol{A}+\boldsymbol{U}+\boldsymbol{E})^*\boldsymbol{Q}=(\boldsymbol{C}+\boldsymbol{F})\boldsymbol{Q},\forall\boldsymbol{Q}\in X^*$$

$$D((\boldsymbol{A}+\boldsymbol{U}+\boldsymbol{E})^*)=\left\{\boldsymbol{Q}\in X^*\left|\frac{\mathrm{d}\boldsymbol{Q}_{i2}(y)}{\mathrm{d}y},\frac{\mathrm{d}\boldsymbol{Q}_{i3}(z)}{\mathrm{d}z}\in L^\infty(\mathbf{R}^+),\ \boldsymbol{Q}_{i2}(y),\boldsymbol{Q}_{i3}(z)\text{ 均为绝对连续函数，}\right.\right.$$

$$\left.\text{满足}\boldsymbol{Q}_{i2}(y),\boldsymbol{Q}_{i3}(z)\in\mathbf{R},i=1,2,\cdots,n\right\}$$

其中，

$$\begin{aligned}\boldsymbol{CQ}=(&\mathrm{diag}(-(\lambda_1+\lambda_2+\lambda_5),-(\lambda_1+\lambda_2+a\lambda_5),\cdots,-(\lambda_1+\lambda_2+a^{n-1}\lambda_5))\boldsymbol{Q}_0,\\&\mathrm{diag}(-(\lambda_3+\lambda_4+\mu),-(\lambda_3+a\lambda_4+\mu),\cdots,-(\lambda_3+a^{n-1}\lambda_4+\mu))\boldsymbol{Q}_1,\\&\mathrm{diag}\left(\left(\frac{\mathrm{d}}{\mathrm{d}y}-\gamma(y)\right),\left(\frac{\mathrm{d}}{\mathrm{d}y}-\gamma(y)\right),\cdots,\left(\frac{\mathrm{d}}{\mathrm{d}y}-\gamma(y)\right),\left(\frac{\mathrm{d}}{\mathrm{d}y}-\beta(y)\right)\boldsymbol{Q}_2(y)\right),\\&\mathrm{diag}\left(\left(\frac{\mathrm{d}}{\mathrm{d}z}-\alpha(z)\right),\left(\frac{\mathrm{d}}{\mathrm{d}z}-\alpha(z)\right),\cdots,\left(\frac{\mathrm{d}}{\mathrm{d}z}-\alpha(z)\right),\left(\frac{\mathrm{d}}{\mathrm{d}z}-\alpha(z)\right)\boldsymbol{Q}_3(z)\right)\end{aligned}$$

$$\boldsymbol{F}=\begin{pmatrix}\boldsymbol{O}_{n\times n}&\boldsymbol{O}_{n\times n}&\boldsymbol{O}_{n\times n}&\boldsymbol{O}_{n\times n}\\\boldsymbol{F}_1&\boldsymbol{O}_{n\times n}&\boldsymbol{O}_{n\times n}&\boldsymbol{O}_{n\times n}\\\boldsymbol{F}_2&\boldsymbol{O}_{n\times n}&\boldsymbol{O}_{n\times n}&\boldsymbol{O}_{n\times n}\\\boldsymbol{F}_3&\boldsymbol{O}_{n\times n}&\boldsymbol{O}_{n\times n}&\boldsymbol{O}_{n\times n}\end{pmatrix}$$

这里

$$\boldsymbol{F}_1=\mathrm{diag}(\mu,\mu,\cdots,\mu)$$

$$\boldsymbol{F}_3=\mathrm{diag}(\alpha(z),\alpha(z),\cdots,\alpha(z))$$

$$\boldsymbol{F}_2=\begin{pmatrix}0&\gamma(y)&0&\cdots&0&0\\0&0&\gamma(y)&\cdots&0&0\\0&0&0&\cdots&0&0\\\vdots&\vdots&\vdots&&\vdots&\vdots\\0&0&0&\cdots&0&\gamma(y)\\\beta(y)&0&0&\cdots&0&0\end{pmatrix}$$

证明 对任意 $\boldsymbol{P}\in D(\boldsymbol{A}),\boldsymbol{Q}\in X^*$，由系统算子定义有

$$\begin{aligned}&\langle(\boldsymbol{A}+\boldsymbol{U}+\boldsymbol{E})\boldsymbol{P},\boldsymbol{Q}\rangle\\&=q_{10}\left[-(\lambda_1+\lambda_2+\lambda_5)p_{10}+\mu p_{11}+\int_0^\infty\beta(y)p_{n2}(y)\mathrm{d}y+\int_0^\infty\alpha(z)p_{13}(z)\mathrm{d}z\right]\\&\quad+\sum_{i=2}^n q_{i0}\left[-(\lambda_1+\lambda_2+a^{i-1}\lambda_5)p_{i0}+\mu p_{i1}+\int_0^\infty\alpha(z)p_{i3}(z)\mathrm{d}z+\int_0^\infty\gamma(y)p_{i-1,2}(y)\mathrm{d}y\right]\\&\quad+\sum_{i=1}^n q_{i1}\left[-(\lambda_3+a^{i-1}\lambda_4+\mu)p_{i1}+\lambda_1 p_{i0}\right]\\&\quad+\sum_{i=1}^{n-1}\int_0^\infty\left[-\frac{\mathrm{d}}{\mathrm{d}y}-\gamma(y)\right]p_{i2}(y)q_{i2}(y)\mathrm{d}y\end{aligned}$$

$$
\begin{aligned}
&+\int_0^\infty\left[-\frac{\mathrm{d}}{\mathrm{d}y}-\beta(y)\right]p_{i2}(y)q_{i2}(y)\mathrm{d}y\\
&+\sum_{i=1}^{n}\int_0^\infty\left[-\frac{\mathrm{d}}{\mathrm{d}y}-\alpha(z)\right]p_{i3}(z)q_{i3}(z)\mathrm{d}z\\
=&-(\lambda_1+\lambda_2+\lambda_5)p_{10}q_{10}+\mu p_{11}q_{10}+q_{10}\int_0^\infty\beta(y)p_{n2}(y)\mathrm{d}y+q_{10}\int_0^\infty\alpha(z)p_{13}(z)\mathrm{d}z\\
&+\sum_{i=2}^{n}\left[-(\lambda_1+\lambda_2+a^{i-1}\lambda_5)p_{i0}q_{i0}+\mu p_{i1}q_{i0}+q_{i0}\int_0^\infty\alpha(z)p_{i3}(z)\mathrm{d}z+q_{i0}\int_0^\infty\gamma(y)p_{i-1,2}(y)\mathrm{d}y\right]\\
&+\sum_{i=1}^{n}\left[-(\lambda_3+a^{i-1}\lambda_4+\mu)p_{i1}q_{i1}+\lambda_1p_{i0}q_{i1}\right]\\
&+\sum_{i=1}^{n-1}\left\{p_{i2}(y)q_{i2}(y)\Big|_0^\infty+\int_0^\infty\left[\frac{\mathrm{d}}{\mathrm{d}y}-\gamma(y)\right]q_{i2}(y)p_{i2}(y)\mathrm{d}y\right\}\\
&-p_{n2}(y)q_{n2}(y)\Big|_0^\infty+\int_0^\infty\left[\frac{\mathrm{d}}{\mathrm{d}y}-\beta(y)\right]q_{n2}(y)p_{n2}(y)\mathrm{d}y\\
&+\sum_{i=1}^{n}\left\{-p_{i3}(0)q_{i3}(0)\Big|_0^\infty+\int_0^\infty\left[\frac{\mathrm{d}}{\mathrm{d}z}-\alpha(z)\right]q_{i2}(z)p_{i2}(z)\mathrm{d}z\right\}\\
=&-(\lambda_1+\lambda_2+\lambda_5)p_{10}q_{10}+\mu p_{11}q_{10}+\int_0^\infty\beta(y)p_{n2}(y)q_{10}\mathrm{d}y+\int_0^\infty\alpha(z)p_{13}(z)q_{10}\mathrm{d}z\\
&+\sum_{i=2}^{n}-(\lambda_1+\lambda_2+a^{i-1}\lambda_5)p_{i0}q_{i0}+\sum_{i=2}^{n}\mu p_{i1}q_{i0}+\sum_{i=2}^{n}\int_0^\infty\alpha(z)p_{i3}(z)q_{i0}\mathrm{d}z\\
&+\sum_{i=2}^{n}\int_0^\infty\gamma(y)q_{i0}p_{i-1,2}(y)\mathrm{d}y+\sum_{i=1}^{n}-(\lambda_3+a^{i-1}\lambda_4+\mu)p_{i1}q_{i1}+\sum_{i=1}^{n}\lambda_1p_{i0}q_{i1}\\
&+\sum_{i=1}^{n-1}(a^{i-1}\lambda_4p_{i1}+a^{i-1}\lambda_5p_{i0})q_{i2}(0)+\sum_{i=1}^{n-1}\int_0^\infty\left[\frac{\mathrm{d}}{\mathrm{d}y}-\gamma(y)\right]q_{i2}(y)p_{i2}(y)\mathrm{d}y\\
&+(a^{n-1}\lambda_4p_{i1}+a^{n-1}\lambda_5p_{n0})q_{n2}(0)+\int_0^\infty\left[\frac{\mathrm{d}}{\mathrm{d}y}-\beta(y)\right]q_{n2}(y)p_{n2}(y)\mathrm{d}y\\
&+\sum_{i=1}^{n}(\lambda_3p_{i1}+\lambda_2p_{i0})q_{i3}(0)+\sum_{i=1}^{n}\int_0^\infty\left[\frac{\mathrm{d}}{\mathrm{d}z}-\alpha(z)\right]q_{i3}(z)p_{i3}(z)\mathrm{d}z\\
=&\sum_{i=1}^{n}\left[-(\lambda_1+\lambda_2+a^{i-1}\lambda_5)q_{i0}+a^{i-1}\lambda_5q_{i2}(0)+\lambda_2q_{i3}(0)\right]p_{i0}\\
&+\sum_{i=1}^{n}\left[-(\lambda_3+\mu+a^{i-1}\lambda_4)q_{i1}+a^{i-1}\lambda_4q_{i2}(0)+\lambda_3q_{i3}(0)+\mu q_{i0}\right]p_{i1}\\
&+\sum_{i=1}^{n-1}\int_0^\infty\left\{\left[\frac{\mathrm{d}}{\mathrm{d}y}-\gamma(y)\right]q_{i2}(y)+\gamma(y)q_{i+1,0}\right\}p_{i2}(y)\mathrm{d}y\\
&+\int_0^\infty\left\{\left[\frac{\mathrm{d}}{\mathrm{d}y}-\beta(y)\right]q_{n2}(y)+\beta(y)q_{10}\right\}p_{n2}(y)\mathrm{d}y\\
&+\sum_{i=1}^{n}\int_0^\infty\left\{\left[\frac{\mathrm{d}}{\mathrm{d}z}-\alpha(z)\right]q_{i3}(z)+\gamma(y)q_{i0}\right\}p_{i3}(z)\mathrm{d}z\\
=&\langle\boldsymbol{P},(\boldsymbol{C}+\boldsymbol{F})\boldsymbol{Q}\rangle
\end{aligned}
$$

定理 5.2.2 0 是算子 $(\boldsymbol{A}+\boldsymbol{U}+\boldsymbol{E})^{*}$ 的简单特征值.

证明 首先，若取 $\boldsymbol{Q}=(\boldsymbol{I}_{n1},\boldsymbol{I}_{n1},\boldsymbol{I}_{n1},\boldsymbol{I}_{n1},\boldsymbol{I}_{n1})\in X^{*}$，$\boldsymbol{I}_{n,1}=(1,1,\cdots,1)^{\mathrm{T}}$，则 $\boldsymbol{Q}\in \boldsymbol{D}((\boldsymbol{A}+\boldsymbol{U}+\boldsymbol{E})^{*})$，由算子 $(\boldsymbol{A}+\boldsymbol{U}+\boldsymbol{E})^{*}$ 的定义，易知 $(\boldsymbol{A}+\boldsymbol{U}+\boldsymbol{E})^{*}\boldsymbol{Q}=\boldsymbol{0}$. 又因为 $\boldsymbol{Q}\neq\boldsymbol{0}$，所以由特征值定义可知 0 是算子 $(\boldsymbol{A}+\boldsymbol{U}+\boldsymbol{E})^{*}$ 的特征值. 其次，证明 0 在 X^{*} 中的代数重数为 1，即 0 是 $(\boldsymbol{A}+\boldsymbol{U}+\boldsymbol{E})^{*}$ 简单特征值. 由定理 5.1.2 可知，0 是系统算子 $(\boldsymbol{A}+\boldsymbol{U}+\boldsymbol{E})$ 代数重数为 1 的特征值，故只需要证明 0 的代数指数为 1 即可.

用反证法，不妨设 0 在 X^{*} 中代数指数为 2，则存在 $(\boldsymbol{A}+\boldsymbol{U}+\boldsymbol{E})^{*}\boldsymbol{Y}=\boldsymbol{Q}$，从而

$$0=\langle(\boldsymbol{A}+\boldsymbol{U}+\boldsymbol{E})\boldsymbol{P}^{*},\boldsymbol{Y}\rangle=\langle\boldsymbol{P}^{*},(\boldsymbol{A}+\boldsymbol{U}+\boldsymbol{E})^{*}\boldsymbol{Y}\rangle=\langle\boldsymbol{P}^{*},\boldsymbol{Q}^{*}\rangle \tag{5-31}$$

其中，$\boldsymbol{P}^{*}$ 为 0 在 X 中所对应的特征向量. 然而

$$\langle\boldsymbol{P}^{*},\boldsymbol{Q}^{*}\rangle=\sum_{i=1}^{n}p_{i0}+\sum_{i=1}^{n}p_{i1}+\sum_{i=1}^{n}\int_0^{\infty}p_{i2}(y)\mathrm{d}y+\sum_{i=1}^{n}\int_0^{\infty}p_{i3}(z)\mathrm{d}z>0$$

这与式（5-31）矛盾，因此假设不成立，所以 0 在 X^{*} 中代数重数为 1.

定理 5.2.3 $\{r\in\mathbf{C}\mid \mathrm{Re}\,r>0$ 或者 $r=\mathrm{i}b,b\in\mathbf{R}\setminus\{0\}\}$ 属于系统算子 $(\boldsymbol{A}+\boldsymbol{U}+\boldsymbol{E})^{*}$ 的预解集.

证明 对任何 $\boldsymbol{V}\in X^{*}$，考虑算子方程 $(r\boldsymbol{I}-\boldsymbol{C})\boldsymbol{Q}=\boldsymbol{F}\boldsymbol{V}$，有

$$(r+\lambda_1+\lambda_2+a^{i-1}\lambda_5)q_{i0}=a^{i-1}\lambda_5 v_{i2}(0)+\lambda_2 v_{i3}(0)\quad(i=1,2,\cdots,n) \tag{5-32}$$

$$(r+\lambda_3+\mu+a^{i-1}\lambda_4)q_{i1}=\mu v_{i0}+a^{i-1}\lambda_4 v_{i2}(0)+\lambda_3 v_{i3}(0)\quad(i=1,2,\cdots,n) \tag{5-33}$$

$$\frac{\mathrm{d}q_{i2}(y)}{\mathrm{d}y}=[r+\gamma(y)]q_{i2}(y)-\gamma(y)v_{i+1,0}\quad(i=1,2,\cdots,n-1) \tag{5-34}$$

$$\frac{\mathrm{d}q_{n2}(y)}{\mathrm{d}y}=[r+\beta(y)]q_{n2}(y)-\beta(y)v_{10} \tag{5-35}$$

$$\frac{\mathrm{d}q_{i3}(z)}{\mathrm{d}z}=[r+\alpha(z)]q_{i3}(z)-\alpha(z)v_{i0}\quad(i=1,2,\cdots,n) \tag{5-36}$$

解式（5-32）～式（5-36），得

$$q_{i0}=\frac{a^{i-1}\lambda_5 v_{i2}(0)+\lambda_2 v_{i3}(0)}{r+\lambda_1+\lambda_2+a^{i-1}\lambda_5} \tag{5-37}$$

$$q_{i1}=\frac{\mu v_{i0}+a^{i-1}\lambda_4 v_{i2}(0)+\lambda_3 v_{i3}(0)}{r+\lambda_3+\mu+a^{i-1}\lambda_4} \tag{5-38}$$

$$q_{i2}(y)=\mathrm{e}^{\int_0^y[r+\gamma(s)]\mathrm{d}s}\left\{q_{i2}(0)-\int_0^y\gamma(\tau)v_{i+1,0}\mathrm{e}^{-\int_0^{\tau}[r+\gamma(s)]\mathrm{d}s}\mathrm{d}\tau\right\} \tag{5-39}$$

$$q_{n2}(y)=\mathrm{e}^{\int_0^y[r+\beta(s)]\mathrm{d}s}\left\{q_{n2}(0)-\int_0^y\beta(\tau)v_{10}\mathrm{e}^{-\int_0^{\tau}[r+\beta(s)]\mathrm{d}s}\mathrm{d}\tau\right\} \tag{5-40}$$

$$q_{i3}(z)=\mathrm{e}^{\int_0^z[r+\alpha(s)]\mathrm{d}s}\left\{q_{i3}(0)-\int_0^z\alpha(\tau)v_{i0}\mathrm{e}^{-\int_0^{\tau}[r+\alpha(s)]\mathrm{d}s}\mathrm{d}\tau\right\} \tag{5-41}$$

对式（5-39）～式（5-41）两边分别乘以 $\mathrm{e}^{-\int_0^y[r+\gamma(s)]\mathrm{d}s}$，$\mathrm{e}^{-\int_0^y[r+\beta(s)]\mathrm{d}s}$，$\mathrm{e}^{-\int_0^z[r+\alpha(s)]\mathrm{d}s}$，并令 $y\to\infty$，$z\to\infty$ 可得

$$q_{i2}(0)=\int_0^{\infty}\gamma(\tau)v_{i+1,0}\mathrm{e}^{-\int_0^{\tau}[r+\gamma(s)]\mathrm{d}s}\mathrm{d}\tau \tag{5-42}$$

$$q_{n2}(0)=\int_0^{\infty}\beta(\tau)v_{10}\mathrm{e}^{-\int_0^{\tau}[r+\beta(s)]\mathrm{d}s}\mathrm{d}\tau \tag{5-43}$$

$$q_{i3}(0)=\int_0^{\infty}\alpha(\tau)v_{i0}\mathrm{e}^{-\int_0^{\tau}[r+\alpha(s)]\mathrm{d}s}\mathrm{d}\tau \tag{5-44}$$

将式（5-42）～式（5-44）分别代入式（5-39）～式（5-41），得

$$q_{i2}(y)=\mathrm{e}^{\int_0^{y}(r+\gamma(s))\mathrm{d}s}\int_y^{\infty}\gamma(\tau)v_{i+1,0}\mathrm{e}^{-\int_0^{\tau}(r+\gamma(s))\mathrm{d}s}\mathrm{d}\tau \tag{5-45}$$

$$q_{n2}(y)=\mathrm{e}^{\int_0^{y}(r+\beta(s))\mathrm{d}s}\int_y^{\infty}\beta(\tau)v_{10}\mathrm{e}^{-\int_0^{\tau}(r+\beta(s))\mathrm{d}s}\mathrm{d}\tau \tag{5-46}$$

$$q_{i3}(z)=\mathrm{e}^{\int_0^{z}(r+\alpha(s))\mathrm{d}s}\int_z^{\infty}\alpha(\tau)v_{i0}\mathrm{e}^{-\int_0^{\tau}(r+\alpha(s))\mathrm{d}s}\mathrm{d}\tau \tag{5-47}$$

从而可得

$$\begin{aligned}
&\|q_{i2}(y)\|_{L^{\infty}[0,\infty)}\\
&=\sup_{y\in[0,\infty)}\left|\mathrm{e}^{\int_0^{y}[r+\gamma(s)]\mathrm{d}s}\int_y^{\infty}\gamma(\tau)v_{i+1,0}\mathrm{e}^{-\int_0^{\tau}[r+\gamma(s)]\mathrm{d}s}\mathrm{d}\tau\right|\\
&\leqslant\|\boldsymbol{V}\|\sup_{y\in[0,\infty)}\mathrm{e}^{\int_0^{y}[\mathrm{Re}r+\gamma(s)]\mathrm{d}s}\int_y^{\infty}\gamma(\tau)\mathrm{e}^{-\int_0^{\tau}[\mathrm{Re}r+\gamma(s)]\mathrm{d}s}\mathrm{d}\tau\\
&=\|\boldsymbol{V}\|\sup_{y\in[0,\infty)}\mathrm{e}^{\int_0^{y}[\mathrm{Re}r+\gamma(s)]\mathrm{d}s}\int_y^{\infty}\mathrm{e}^{-\mathrm{Re}r\tau}\mathrm{d}\mathrm{e}^{-\int_0^{\tau}\gamma(s)\mathrm{d}s}\\
&=\|\boldsymbol{V}\|\sup_{y\in[0,\infty)}\mathrm{e}^{\int_0^{y}[\mathrm{Re}r+\gamma(s)]\mathrm{d}s}\left[\mathrm{e}^{-\int_0^{y}[\mathrm{Re}r+\gamma(s)]\mathrm{d}s}-\mathrm{Re}r\int_y^{\infty}\mathrm{e}^{-\mathrm{Re}r\tau-\int_0^{\tau}\gamma(s)\mathrm{d}s}\mathrm{d}\tau\right]\\
&=\|\boldsymbol{V}\|\sup_{y\in[0,\infty)}\left[1-\mathrm{Re}r\mathrm{e}^{y\mathrm{Re}r}\int_y^{\infty}\mathrm{e}^{-\mathrm{Re}r\tau-\int_y^{\tau}\gamma(s)\mathrm{d}s}\mathrm{d}\tau\right]\\
&\leqslant\|\boldsymbol{V}\|\sup_{y\in[0,\infty)}\left[1-\mathrm{Re}r\mathrm{e}^{\mathrm{Re}ry}\int_y^{\infty}\mathrm{e}^{-\mathrm{Re}r\tau-\int_y^{\tau}M\mathrm{d}s}\mathrm{d}\tau\right]\\
&=\|\boldsymbol{V}\|\sup_{y\in[0,\infty)}\left[1-\mathrm{Re}r\mathrm{e}^{(\mathrm{Re}r+M)y}\int_y^{\infty}\mathrm{e}^{-\mathrm{Re}r\tau-\int_0^{\tau}M\mathrm{d}s}\mathrm{d}\tau\right]\\
&=\|\boldsymbol{V}\|\sup_{y\in[0,\infty)}\left[1-\mathrm{Re}r\mathrm{e}^{(\mathrm{Re}r+M)y}\frac{\mathrm{e}^{-(\mathrm{Re}r+M)}}{\mathrm{Re}r+M}\right]\\
&=\frac{M}{\mathrm{Re}r+M}\|\boldsymbol{V}\|
\end{aligned}\tag{5-48}$$

用同样的方法，可得

$$\|q_{n2}(y)\|_{L^{\infty}[0,\infty)}\leqslant\frac{M}{\mathrm{Re}r+M}\|\boldsymbol{V}\| \tag{5-49}$$

$$\|q_{i3}(z)\|_{L^{\infty}[0,\infty)}\leqslant\frac{M}{\mathrm{Re}r+M}\|\boldsymbol{V}\| \tag{5-50}$$

其中，$M=\max\{\alpha,\beta,\gamma\}$. 当 $\mathrm{Re}r>0$，或 $r=\mathrm{i}b,b\in\mathbf{R},b\neq 0$ 时，由式（5-48）～式（5-49）可得

$$|q_{i0}| \leqslant \frac{\lambda_2 + a^{i-1}\lambda_5}{r + \lambda_1 + \lambda_2 + a^{i-1}\lambda_5}\|V\| \tag{5-51}$$

$$|q_{i1}| \leqslant \frac{\mu + \lambda_3 + a^{i-1}\lambda_4}{r + \lambda_3 + \mu + a^{i-1}\lambda_4}\|V\| \tag{5-52}$$

由式（5-48）～式（5-52）可得

$$\|(r\boldsymbol{I} - \boldsymbol{C})^{-1}\boldsymbol{F}\| < 1$$

从而$[\boldsymbol{I} - (r\boldsymbol{I} - \boldsymbol{C})^{-1}\boldsymbol{F}]^{-1}$存在且有界，而

$$[r\boldsymbol{I} - (\boldsymbol{C} + \boldsymbol{F})]^{-1} = [\boldsymbol{I} - (r\boldsymbol{I} - \boldsymbol{C})^{-1}\boldsymbol{F}]^{-1}(r\boldsymbol{I} - \boldsymbol{C})^{-1}$$

即当$\mathrm{Re}\, r > 0$，或$r = ib, b \in \mathbf{R}, b \neq 0$时，$[r\boldsymbol{I} - (\boldsymbol{C} + \boldsymbol{F})]^{-1}$存在且有界. 因此结论成立.

由以上结论，可以得到如下渐近稳定性结果.

定理 5.2.4　设$\hat{\boldsymbol{P}}$是系统算子$(\boldsymbol{A} + \boldsymbol{U} + \boldsymbol{E})$的 0 特征值对应的特征向量，且满足$\|\hat{\boldsymbol{P}}\| = 1$，则系统的时间依赖解$\boldsymbol{P}(t,\cdot)$收敛于其稳态解$\hat{\boldsymbol{P}}$，即

$$\lim_{t\to\infty}\hat{\boldsymbol{P}}(t,\cdot) = \langle \overline{\boldsymbol{P}}, \boldsymbol{Q}^* \rangle \hat{\boldsymbol{P}} = \hat{\boldsymbol{P}}$$

其中，$\overline{\boldsymbol{P}}$是系统初始值，$\boldsymbol{Q}^*$如定理 5.2.2 中所示.

证明　由定理 4.3.4 可知，系统算子$(\boldsymbol{A} + \boldsymbol{U} + \boldsymbol{E})$生成的半群是压缩的，故显然是有界的. 又因定理 5.1.1 和定理 5.1.2 及定理 5.2.2 和定理 5.2.3 表明，系统算子$(\boldsymbol{A} + \boldsymbol{U} + \boldsymbol{E})$及其对偶算子$(\boldsymbol{A} + \boldsymbol{U} + \boldsymbol{E})^*$在虚轴上特征值只有 0 点，代数重数都为 1，且除去 0 点外，右半平面上的点都为系统算子$\boldsymbol{A} + \boldsymbol{U} + \boldsymbol{E}$的正则点. 令$\hat{\boldsymbol{P}} = \dfrac{\boldsymbol{P}^*}{\|\boldsymbol{P}^*\|}$，其中$\boldsymbol{P}^*$如定理 5.1.2 所示. 由文献[97]可得，系统的瞬态解收敛，即

$$\lim_{t\to\infty}\boldsymbol{P}(t,\cdot) = \langle \overline{\boldsymbol{P}}, \boldsymbol{Q}^* \rangle \hat{\boldsymbol{P}} = \hat{\boldsymbol{P}}$$

由定理 5.2.4 可以看出，系统的时间依赖解$\boldsymbol{P}(t,\cdot)$趋于系统的稳态解$\hat{\boldsymbol{P}}$，并且与系统的初值无关.

5.3　系统的指数稳定性

为了证明系统的指数稳定性，需要证明系统是拟紧的. 由C_0半群的扰动定理可知，$\boldsymbol{A}$生成一个C_0半群$S(t)$. 由于$\boldsymbol{U}$和$\boldsymbol{E}$是紧算子，因此要证明$T(t)$的拟紧性，只需要证明$S(t)$的拟紧性.

在实践中很多修复都是周期进行的，所以可以假设修复率的均值存在且不为 0，即可假设$\gamma(y), \beta(y), \alpha(z)$满足

$$\begin{cases} 0 < \hat{\gamma} = \lim\limits_{y\to\infty}\dfrac{1}{y}\displaystyle\int_0^y \gamma(\xi)\mathrm{d}\xi < \infty \\ 0 < \hat{\beta} = \lim\limits_{y\to\infty}\dfrac{1}{y}\displaystyle\int_0^y \beta(\xi)\mathrm{d}\xi < \infty \\ 0 < \hat{\alpha} = \lim\limits_{z\to\infty}\dfrac{1}{z}\displaystyle\int_0^z \alpha(\xi)\mathrm{d}\xi < \infty \end{cases} \tag{5-53}$$

为方便起见，定义两个算子

$$\overline{A} = A$$

$$D(\overline{A}) = D = \left\{ P = (P_0, P_1, P_2, P_3) \in X \,\middle|\, \frac{\mathrm{d}p_{i2}(y)}{\mathrm{d}y}, \frac{\mathrm{d}p_{i3}(z)}{\mathrm{d}z} \in L^1(0,\infty),\ p_{i2}(y), p_{i3}(z) \right.$$

$$\left. \text{均为绝对连续函数},\ i = 1,2,\cdots,n \right\}$$

$$A_0 = \overline{A}$$

$$D(A_0) = \{ P \in D \mid p_{i2}(0) = p_{i3}(0) = 0, i = 1,2,\cdots,n \}$$

易得，$\overline{A}$ 与 A_0 是 X 上稠定的闭算子.

引理 5.3.1 A_0 生成拟紧半群 $T_0(t)$.

证明 考虑以下柯西问题：

$$\begin{cases} \dfrac{\mathrm{d}P(t,\cdot)}{\mathrm{d}t} = A_0 P(t,\cdot) \\ P(t,\cdot) = (P^0, P^1, P^2, P^3) \\ \qquad = ((p_{10}(t), p_{20}(t), \cdots, p_{n0}(t))^{\mathrm{T}}, (p_{11}(t), p_{21}(t), \cdots, p_{n1}(t))^{\mathrm{T}}, (p_{12}(t), \\ \qquad\quad p_{22}(t), \cdots, p_{n2}(t))^{\mathrm{T}}, (p_{13}(t), p_{23}(t), \cdots, p_{n3}(t))^{\mathrm{T}} \\ P(0,\cdot) = \Phi \end{cases}$$

这里 $\Phi = (\Phi_0, \Phi_1, \Phi_2, \Phi_3) = \big((\phi_{10}, \phi_{20}, \cdots, \phi_{n0})^{\mathrm{T}}, (\phi_{11}, \phi_{21}, \cdots, \phi_{n1})^{\mathrm{T}}, (\phi_{12}(y), \cdots, \phi_{n2}(y))^{\mathrm{T}}, (\phi_{13}(z), \phi_{23}(z),$ $\cdots, \phi_{n3}(z))^{\mathrm{T}} \big) \in X$.

$$\left(\frac{\mathrm{d}}{\mathrm{d}t} + \lambda_1 + \lambda_2 + a^{i-1}\lambda_5 \right) p_{i0}(t) = 0 \quad (i = 2,3,\cdots,n) \tag{5-54}$$

$$\left(\frac{\mathrm{d}}{\mathrm{d}t} + \lambda_3 + a^{i-1}\lambda_4 + \mu \right) p_{i1}(t) = 0 \quad (i = 1,2,\cdots,n) \tag{5-55}$$

$$\left[\frac{\partial}{\partial t} + \frac{\partial}{\partial y} + \gamma(y) \right] p_{i2}(t, y) = 0 \quad (i = 1,2,\cdots,n-1) \tag{5-56}$$

$$\left[\frac{\partial}{\partial t} + \frac{\partial}{\partial y} + \beta(y) \right] p_{n2}(t, y) = 0 \tag{5-57}$$

$$\left[\frac{\partial}{\partial t} + \frac{\partial}{\partial z} + \alpha(z) \right] p_{i3}(z) = 0 \quad (i = 1,2,\cdots,n) \tag{5-58}$$

$$p_{i2}(t,0) = 0 \quad (i = 1,2,\cdots,n) \tag{5-59}$$

$$p_{i3}(t,0) = 0 \quad (i = 1,2,\cdots,n) \tag{5-60}$$

$$p_{i0}(0) = \phi_{i0} \quad (i = 1,2,\cdots,n) \tag{5-61}$$

$$p_{i1}(0) = \phi_{i1} \quad (i = 1,2,\cdots,n) \tag{5-62}$$

$$p_{i2}(0, y) = \phi_{i2}(y) \quad (i = 1,2,\cdots,n) \tag{5-63}$$

$$p_{i3}(0, z) = \phi_{i3}(z) \quad (i = 1,2,\cdots,n) \tag{5-64}$$

解式（5-53）和式（5-54）并结合式（5-60）和式（5-61）可得

$$p_{i0}(t)=p_{i0}(0)\mathrm{e}^{-(\lambda_1+\lambda_2+a^{i-1}\lambda_5)}=\phi_{i0}\mathrm{e}^{-(\lambda_1+\lambda_2+a^{i-1}\lambda_5)} \tag{5-65}$$

$$p_{i1}(t)=p_{i1}(0)\mathrm{e}^{-(\mu+\lambda_3+a^{i-1}\lambda_4)}=\phi_{i1}\mathrm{e}^{-(\mu+\lambda_3+a^{i-1}\lambda_4)} \tag{5-66}$$

由文献[130]，引入变量 s，方程（5-55）～方程（5-57）可转化为

$$\left[\frac{\mathrm{d}}{\mathrm{d}s}+\gamma(y_0+s)\right]p_{i2}(t_0+s,y_0+s)=0 \quad (i=1,2,\cdots,n-1) \tag{5-67}$$

$$\left[\frac{\mathrm{d}}{\mathrm{d}s}+\beta(y_0+s)\right]p_{n2}(t_0+s,y_0+s)=0 \tag{5-68}$$

$$\left[\frac{\mathrm{d}}{\mathrm{d}s}+\alpha(z_0+s)\right]p_{i3}(t_0+s,z_0+s)=0 \quad (i=1,2,\cdots,n) \tag{5-69}$$

解方程（5-66）～方程（5-68）可得

$$p_{i2}(t_0+s,y_0+s)=p_{i2}(t_0,y_0)\mathrm{e}^{-\int_0^s\gamma(y_0+w)\mathrm{d}w} \tag{5-70}$$

$$p_{n2}(t_0+s,y_0+s)=p_{n2}(t_0,y_0)\mathrm{e}^{-\int_0^s\beta(y_0+w)\mathrm{d}w} \tag{5-71}$$

$$p_{i3}(t_0+s,z_0+s)=p_{i3}(t_0,z_0)\mathrm{e}^{-\int_0^s\alpha(z_0+w)\mathrm{d}w} \tag{5-72}$$

对于式（5-70），当 $t>y$ 时，令 $(t_0,y_0)=(t-y,0)$，$w=y$，结合式（5-59）有

$$p_{i2}(t,y)=p_{i2}(t-y,0)\mathrm{e}^{-\int_0^y\gamma(w)\mathrm{d}w}=0 \quad (i=1,2,\cdots,n-1) \tag{5-73}$$

当 $t\leqslant y$ 时，令 $(t_0,y_0)=(0,y-t)$，$w=t$，结合式（5-62）有

$$p_{i2}(t,y)=p_{i2}(0,y-t)\mathrm{e}^{-\int_0^y\gamma(y-t+w)\mathrm{d}w}=\phi_{i2}(y-t)\mathrm{e}^{-\int_{y-t}^y\gamma(w)\mathrm{d}w} \quad (i=1,2,\cdots,n-1) \tag{5-74}$$

同理，由式（5-71）和式（5-72）可得

$$p_{n2}(t,y)=\begin{cases}0, & t>y\\ \phi_{n2}(y-t)\mathrm{e}^{-\int_{y-t}^y\beta(w)\mathrm{d}w}, & t\leqslant y\end{cases} \tag{5-75}$$

$$p_{i3}(t,z)=\begin{cases}0, & t>z\\ \phi_{i3}(z-t)\mathrm{e}^{-\int_{z-t}^z\alpha(w)\mathrm{d}w}, & t\leqslant z\end{cases} \tag{5-76}$$

由式（5-65）、式（5-66）、式（5-74）和式（5-76），以及定理 3.1.11 可知，$\boldsymbol{A}_0$ 生成一个 C_0 半群 $T_0(t)$ 且满足

$$(T_0(t)\boldsymbol{\Phi})(y,z)=\begin{cases}(\boldsymbol{\psi}_0,\boldsymbol{\psi}_1,\boldsymbol{O}_{n1},\boldsymbol{O}_{n1})^{\mathrm{T}}, & y,z<t\\ (\boldsymbol{\psi}_0,\boldsymbol{\psi}_1,\boldsymbol{\psi}_2,\boldsymbol{\psi}_3)^{\mathrm{T}}, & y,z\geqslant t\end{cases}$$

这里

$$\boldsymbol{\psi}_0=\left(\phi_{10}\mathrm{e}^{-(\lambda_1+\lambda_2+\lambda_5)t},\phi_{20}\mathrm{e}^{-(\lambda_1+\lambda_2+a\lambda_5)t},\cdots,\phi_{n0}\mathrm{e}^{-(\lambda_1+\lambda_2+a^{n-1}\lambda_5)t}\right)^{\mathrm{T}}$$

$$\boldsymbol{\psi}_1=\left(\phi_{11}\mathrm{e}^{-(\lambda_3+\lambda_4+\mu)t},\phi_{21}\mathrm{e}^{-(\lambda_3+a\lambda_4+\mu)t},\cdots,\phi_{n1}\mathrm{e}^{-(\lambda_3+a^{n-1}\lambda_4+\mu)t}\right)^{\mathrm{T}}$$

$$\boldsymbol{\psi}_2=\left(\phi_{12}(y-t)\mathrm{e}^{-\int_{y-t}^y(\gamma(\xi))\mathrm{d}\xi},\cdots,\phi_{n-1,2}(y-t)\mathrm{e}^{-\int_{y-t}^y(\gamma(\xi))\mathrm{d}\xi},\phi_{n2}(y-t)\mathrm{e}^{-\int_{y-t}^y(\gamma(\xi))\mathrm{d}\xi}\right)^{\mathrm{T}}$$

$$\boldsymbol{\psi}_3=\left(\phi_{13}(z-t)\mathrm{e}^{-\int_{z-t}^{z}(\alpha(\xi))\mathrm{d}\xi},\cdots,\phi_{n3}(z-t)\mathrm{e}^{-\int_{z-t}^{z}(\alpha(\xi))\mathrm{d}\xi}\right)^{\mathrm{T}}$$

接下来证明 $T_0(t)$ 是拟紧的，只需要证明 $\boldsymbol{A}_0$ 的本质谱界 $W_{\mathrm{ess}}(\boldsymbol{A}_0)<0$. 由式(5-53)知，对任意的 $\varepsilon>0$，$\exists t_0$，使得当 $t\geqslant t_0$ 时，有

$$\frac{1}{t}\int_{y-t}^{y}\gamma(w)\mathrm{d}w<\hat{\gamma}-\varepsilon$$

$$\frac{1}{t}\int_{y-t}^{y}\beta(w)\mathrm{d}w<\hat{\beta}-\varepsilon$$

$$\frac{1}{t}\int_{z-t}^{z}\alpha(w)\mathrm{d}w<\hat{\alpha}-\varepsilon$$

对任意 $\boldsymbol{\Phi}\in\boldsymbol{X}$，因为

$$\begin{aligned}\|T_0(t)\boldsymbol{\Phi}\|=&\sum_{i=1}^{n}|\phi_{i0}|\mathrm{e}^{-(\lambda_1+\lambda_2+a^{i-1}\lambda_5)t}+\sum_{i=1}^{n}|\phi_{i1}|\mathrm{e}^{-(\lambda_3+\mu+a^{i-1}\lambda_4)}\\&+\sum_{i=1}^{n-1}\int_t^{\infty}|\phi_{i2}(y-t)|\mathrm{e}^{-\int_{y-t}^{y}\gamma(w)\mathrm{d}w}\mathrm{d}y+\int_t^{\infty}|\phi_{n2}(y-t)|\mathrm{e}^{-\int_{y-t}^{y}\beta(w)\mathrm{d}w}\mathrm{d}y\\&+\sum_{i=1}^{n}\int_t^{\infty}|\phi_{i3}(z-t)|\mathrm{e}^{-\int_{z-t}^{z}\alpha(w)\mathrm{d}w}\mathrm{d}y\\<&\sum_{i=1}^{n}|\phi_{i0}|\mathrm{e}^{-(\lambda_1+\lambda_2+a^{i-1}\lambda_5)t}+\sum_{i=1}^{n}|\phi_{i1}|\mathrm{e}^{-(\lambda_3+\mu+a^{i-1}\lambda_4)}\\&+\sum_{i=1}^{n-1}\int_t^{\infty}|\phi_{i2}(y-t)|\mathrm{e}^{-(\hat{\gamma}-\varepsilon)}\mathrm{d}y+\int_t^{\infty}|\phi_{n2}(y-t)|\mathrm{e}^{-(\hat{\beta}-\varepsilon)}\mathrm{d}y\\&+\sum_{i=1}^{n}\int_t^{\infty}|\phi_{i3}(z-t)|\mathrm{e}^{-(\hat{\alpha}-\varepsilon)}\mathrm{d}y\\\leqslant&\mathrm{e}^{\min\{-(\hat{\alpha}-\varepsilon),-(\hat{\beta}-\varepsilon),-(\hat{\gamma}-\varepsilon),-(\lambda_1+\lambda_2+\lambda_5),-(\lambda_3+\lambda_4+\mu)\}}\|\boldsymbol{\Phi}\|\end{aligned}$$

进而

$$T_0(t)\leqslant\mathrm{e}^{\min\{-(\hat{\alpha}-\varepsilon),-(\hat{\beta}-\varepsilon),-(\hat{\gamma}-\varepsilon),-(\lambda_1+\lambda_2+\lambda_5),-(\lambda_3+\lambda_4+\mu)\}}$$

因此

$$\begin{aligned}W_{\mathrm{ess}}(\boldsymbol{A}_0)<W(\boldsymbol{A}_0)&=\lim_{t\to\infty}\frac{\ln\|T_0(t)\|}{t}\\&\leqslant-\min\{(\hat{\alpha}-\varepsilon),(\hat{\beta}-\varepsilon),(\hat{\gamma}-\varepsilon),(\lambda_1+\lambda_2+\lambda_5),(\lambda_3+\lambda_4+\mu)\}\end{aligned}$$

所以 $\boldsymbol{A}_0$ 生成一个拟紧 C_0 半群 $T_0(t)$.

当 $r>0$ 时，$\boldsymbol{P}\in X$，定义

$$\begin{aligned}(\boldsymbol{\Phi}_r(\boldsymbol{P}))(y,z)=&\left(\boldsymbol{O}_{n,1},\boldsymbol{O}_{n,1},\mathrm{diag}\left(\int_0^{\infty}[\boldsymbol{\Gamma}^1(s)\boldsymbol{P}_0+\boldsymbol{\Gamma}^2(s)\boldsymbol{P}_1]\right)\mathrm{d}s\boldsymbol{E}_r^1(y)\right.\\&\left.\mathrm{diag}\left(\int_0^{\infty}[\boldsymbol{\Gamma}^3(s)\boldsymbol{P}_0+\boldsymbol{\Gamma}^4(s)\boldsymbol{P}_1]\right)\mathrm{d}s\boldsymbol{E}_r^2(z)\right),y,z\geqslant0\end{aligned}$$

这里

$$E_r^1(y)=\left(\mathrm{e}^{-\int_0^y[r+\gamma(\xi)]\mathrm{d}\xi},\cdots,\mathrm{e}^{-\int_0^y[r+\gamma(\xi)]\mathrm{d}\xi},\mathrm{e}^{-\int_0^y[r+\beta(\xi)]\mathrm{d}\xi}\right)^{\mathrm{T}}$$

$$E_r^2(z)=\left(\mathrm{e}^{-\int_0^z[r+\alpha(\xi)]\mathrm{d}\xi},\cdots,\mathrm{e}^{-\int_0^z[r+\alpha(\xi)]\mathrm{d}\xi},\mathrm{e}^{-\int_0^z[r+\alpha(\xi)]\mathrm{d}\xi}\right)^{\mathrm{T}}$$

$$\boldsymbol{\Gamma}^1(y)=(\lambda_4\mathrm{e}^{-y},a\lambda_4\mathrm{e}^{-y},\cdots,a^{n-1}\lambda_4\mathrm{e}^{-y})^{\mathrm{T}}$$

$$\boldsymbol{\Gamma}^2(y)=(\lambda_5\mathrm{e}^{-y},a\lambda_5\mathrm{e}^{-y},\cdots,a^{n-1}\lambda_5\mathrm{e}^{-y})^{\mathrm{T}}$$

$$\boldsymbol{\Gamma}^3(z)=(\lambda_3\mathrm{e}^{-z},\lambda_3\mathrm{e}^{-z},\cdots,\lambda_3\mathrm{e}^{-z})^{\mathrm{T}}$$

$$\boldsymbol{\Gamma}^4(z)=(\lambda_2\mathrm{e}^{-z},\lambda_2\mathrm{e}^{-z},\cdots,\lambda_2\mathrm{e}^{-z})^{\mathrm{T}}$$

且有 $\boldsymbol{E}_r(y,z)=(\boldsymbol{O}_{n1},\boldsymbol{O}_{n1},\boldsymbol{E}_r^1(y),\boldsymbol{E}_r^2(z))^{\mathrm{T}}\in\mathrm{Re}r[r\boldsymbol{I}-\overline{\boldsymbol{A}}]$，$\boldsymbol{\Phi}_r$ 为一个紧算子，于是有如下结论。

引理 5.3.2　$(\boldsymbol{I}+\boldsymbol{\Phi}_r)$ 是一个从 $D(\boldsymbol{A}_0)$ 到 $D(\boldsymbol{A})$ 双射，满足等式

$$[r\boldsymbol{I}-\boldsymbol{A}](\boldsymbol{I}+\boldsymbol{\Phi}_r)=r\boldsymbol{I}-\boldsymbol{A}_0$$

证明　对任意 $\boldsymbol{P}\in D(\boldsymbol{A}_0)$，有

$$[(\boldsymbol{I}+\boldsymbol{\Phi}_r)\boldsymbol{P}](0,0)=\boldsymbol{P}(0,0)+\left(\boldsymbol{O}_{n1},\boldsymbol{O}_{n1},\mathrm{diag}\left(\int_0^\infty[\boldsymbol{\Gamma}^1(s)\boldsymbol{P}_0+\boldsymbol{\Gamma}^2(s)\boldsymbol{P}_1]\mathrm{d}s\boldsymbol{E}_r^1(0)\right)\right.$$
$$\left.\mathrm{diag}\left(\int_0^\infty[\boldsymbol{\Gamma}^3(s)\boldsymbol{P}_0+\boldsymbol{\Gamma}^4(s)\boldsymbol{P}_1]\mathrm{d}s\boldsymbol{E}_r^2(0)\right)\right.$$
$$=\left(\boldsymbol{P}^0,\boldsymbol{P}^1,\int_0^\infty[\boldsymbol{\Gamma}^1(s)\boldsymbol{P}^0+\boldsymbol{\Gamma}^2(s)\boldsymbol{P}^1]\mathrm{d}s,\int_0^\infty[\boldsymbol{\Gamma}^3(s)\boldsymbol{P}^0+\boldsymbol{\Gamma}^4(s)\boldsymbol{P}^1]\mathrm{d}s\right)$$

故 $(\boldsymbol{I}+\boldsymbol{\Phi}_r)\boldsymbol{P}\in D(\boldsymbol{A})$，所以 $I+\boldsymbol{\Phi}_r$ 是 $D(\boldsymbol{A}_0)$ 到 $D(\boldsymbol{A})$ 的一个双射．若对任意 $\boldsymbol{P}\in D(\boldsymbol{A}_0)$，满足

$$(r\boldsymbol{I}-\boldsymbol{A})(\boldsymbol{P}+\boldsymbol{\Phi}_r\boldsymbol{P})(y,z)=(r\boldsymbol{I}-\overline{\boldsymbol{A}})(\boldsymbol{P}+\boldsymbol{\Phi}_r\boldsymbol{P})(y,z)$$
$$=(r\boldsymbol{I}-\overline{\boldsymbol{A}})\boldsymbol{P}(y,z)+(r\boldsymbol{I}-\overline{\boldsymbol{A}})\boldsymbol{\Phi}_r\boldsymbol{P}(y,z)=(r\boldsymbol{I}-\boldsymbol{A}_0)\boldsymbol{P}(y,z)$$

定理 5.3.1　$S(t)-T_0(t)$ 是一个紧算子，$t\geqslant 0$．

证明　由引理 5.3.2 可知，对任意的 $r>0$，$R(r,\boldsymbol{A})\geqslant R(r,\boldsymbol{A}_0)$．因此，对任何 $t\geqslant 0$，

$$S(t)\geqslant T_0(t)$$

当 $0<s\leqslant t$，$r>0$ 且 $\boldsymbol{P}\in D(\boldsymbol{A}_0)$ 时，令 $\boldsymbol{\psi}(s)\boldsymbol{P}=S(t-s)(\boldsymbol{I}+\boldsymbol{\Phi}_r)T_0(s)\boldsymbol{P}$，则由 C_0 半群性质和引理 5.3.2 可得

$$\begin{aligned}
&\boldsymbol{\psi}'(s)\boldsymbol{P}\\
&=-S(t-s)\boldsymbol{A}(\boldsymbol{I}+\boldsymbol{\Phi}_r)T_0(s)\boldsymbol{P}+S(t-s)(\boldsymbol{I}+\boldsymbol{\Phi}_r)\boldsymbol{A}_0T_0(s)\boldsymbol{P}\\
&=S(t-s)(r\boldsymbol{I}-\boldsymbol{A})(\boldsymbol{I}+\boldsymbol{\Phi}_r)T_0(s)\boldsymbol{P}+S(t-s)(\boldsymbol{I}+\boldsymbol{\Phi}_r)(-r\boldsymbol{I}+\boldsymbol{A}_0)T_0(s)\boldsymbol{P}\\
&=S(t-s)(r\boldsymbol{I}-\boldsymbol{A})T_0(s)\boldsymbol{P}+S(t-s)(\boldsymbol{I}+\boldsymbol{\Phi}_r)(-r\boldsymbol{I}+\boldsymbol{A}_0)T_0(s)\boldsymbol{P}\\
&=S(t-s)\boldsymbol{\Phi}_r(-r\boldsymbol{I}+\boldsymbol{A}_0)T_0(s)\boldsymbol{P}
\end{aligned}$$

因为 $(\boldsymbol{\psi}(t)-\boldsymbol{\psi}(0))\boldsymbol{P}=\int_0^t\boldsymbol{\psi}'(s)\boldsymbol{P}\mathrm{d}s$，则

$$S(t)\boldsymbol{P}-T_0(t)\boldsymbol{P}=-\int_0^tS(t-s)\boldsymbol{\Phi}_r(-r\boldsymbol{I}+\boldsymbol{A}_0)T_0(s)\boldsymbol{P}\mathrm{d}s+\boldsymbol{\Phi}_rT_0(t)\boldsymbol{P}-S(t)\boldsymbol{\Phi}_r\boldsymbol{P}$$

因为 $\boldsymbol{\Phi}_r$ 是紧算子，等式右边为三个紧算子之和，所以 $S(t)-T_0(t)$ 为紧算子.

定理 5.3.2　系统算子 $(\boldsymbol{A}+\boldsymbol{U}+\boldsymbol{E})$ 生成的 C_0 半群 $T(t)$ 是拟紧的.

证明　由定理 5.3.1、性质 3.1.3 和引理 5.3.1 可以得到

$$W_{ess}(A) \leqslant W(A_0) < 0$$

由此，算子 $\boldsymbol{A}$ 生成半群 $S(t)$ 是拟紧的. 又因为 $\boldsymbol{U}$、$\boldsymbol{E}$ 为紧算子，故由性质 3.1.1 和性质 3.1.2 可知

$$W_{ess}(\boldsymbol{A}+\boldsymbol{U}+\boldsymbol{E}) = W_{ess}(\boldsymbol{A}) < 0$$

即算子 $\boldsymbol{A}+\boldsymbol{U}+\boldsymbol{E}$ 生成的 C_0 半群 $T(t)$ 是拟紧的.

定理 5.3.3 系统方程（4-1）～系统方程（4-6）及式（4-7）～式（4-9）的时间依赖解强收敛于稳态解，即

$$\lim_{t\to\infty} \boldsymbol{P}(t,\cdot) = \hat{\boldsymbol{P}}$$

而且

$$\| \boldsymbol{P}(t,\cdot) - \hat{\boldsymbol{P}} \| \leqslant C\mathrm{e}^{-\varepsilon t}$$

其中，C 和 ε 为某个适合的常数，$\hat{\boldsymbol{P}}$ 可参见定理 5.2.8.

证明 由定理 5.1.1 和定理 5.1.2 可知，系统算子 $\boldsymbol{A}+\boldsymbol{U}+\boldsymbol{E}$ 具有非负实部的特征值只有 0，且极点的阶数为 1. 设 $\bar{\boldsymbol{P}}_0$ 是 0 特征值对应的投影算子，则由定理 3.1.15 可得，系统算子 $\boldsymbol{A}+\boldsymbol{U}+\boldsymbol{E}$ 生成的 C_0 半群 $T(t)$ 可以分解为

$$T(t) = \bar{\boldsymbol{P}}_0 + \boldsymbol{R}(t)$$

其中，$\boldsymbol{R}(t)$ 满足对某个适合的常数 $C>0$ 及 $\varepsilon>0$，有

$$\| \boldsymbol{R}(t) \| \leqslant C\mathrm{e}^{-\varepsilon t}$$

然而，由定理 4.3.5 可知，系统方程（4-1）～系统方程（4-6）及式（4-7）～式（4-9）的非负动态解可以表示为 $\boldsymbol{P}(t,\cdot) = T(t)\boldsymbol{P}_0$，$t\in[0,\infty)$，从而根据定理 3.1.16 可得

$$\boldsymbol{P}(t,\cdot) = T(t)\boldsymbol{P}_0 = (\bar{\boldsymbol{P}}_0 + \boldsymbol{R}(t))\boldsymbol{P}_0 = \langle \boldsymbol{P}_0, \boldsymbol{Q}^* \rangle \hat{\boldsymbol{P}} + \boldsymbol{R}(t)\boldsymbol{P}_0 = \hat{\boldsymbol{P}} + \boldsymbol{R}(t)\boldsymbol{P}_0$$

其中，$\boldsymbol{Q}^* = (\boldsymbol{I}_{n,1}, \boldsymbol{I}_{n,1}, \boldsymbol{I}_{n,1}, \boldsymbol{I}_{n,1})$. 因此

$$\| \boldsymbol{P}(t,\cdot) - \hat{\boldsymbol{P}} \| \leqslant C\mathrm{e}^{-\varepsilon t}$$

小　结

本章首先在系统算子是闭稠定线性算子的基础上，分析系统算子的谱分布，得到了在虚轴上的特征值只有 0 点且其代数重数为 1，除 0 点外右半平面上的所有点都为系统算子的正则点；其次，通过分析系统算子的对偶算子谱分布，证明系统瞬态解收敛到其稳态解，即系统算子 0 特征值对应的特征向量；最后，利用算子理论和对系统算子生成半群的本质增长阶估计得到该半群是拟紧的，从而证明了系统是指数稳定的.

第 6 章　可修退化系统的可靠性分析

在系统可靠性研究过程中，为使系统在运行中能够完成或达到所规定的功能，需要对系统可靠性提出一定的要求. 这些要求通常用一组反映系统功能的可靠性指标来定量描述. 因此需要对系统建立一个可靠性指标体系，从不同的侧面全面地描述系统的可靠性.

6.1　系统的可靠性指标

定理 6.1.1　系统的稳态可用度为

$$A_n=\frac{\sum_{i=1}^{n}g_i+\sum_{i=1}^{n}g_i\frac{\Lambda_i}{a^{i-1}}\lambda_4}{\sum_{i=1}^{n}g_i\left(\frac{\Lambda_i}{a^{i-1}\lambda_4}+1\right)+(n-1)k+l+m\sum_{i=1}^{n}g_i\left(\frac{\lambda_1\lambda_3}{a^{i-1}\lambda_4}+\lambda_2\right)}$$

这里 $k=\int_0^\infty \mathrm{e}^{-\int_0^y\gamma(\xi)\mathrm{d}\xi}\mathrm{d}y, l=\int_0^\infty \mathrm{e}^{-\int_0^y\beta(\xi)\mathrm{d}\xi}\mathrm{d}y, m=\int_0^\infty \mathrm{e}^{-\int_0^z\alpha(\xi)\mathrm{d}\xi}\mathrm{d}z, g_i=\frac{1}{\Lambda_i+a^{i-1}\lambda_5}$.

证明　将式（5-22）～式（5-24）代入式（5-14）可得

$$\begin{aligned}(\lambda_1+\lambda_2+\lambda_5)p_{10}&=\mu p_{11}+\int_0^\infty p_{n2}(0)\beta(y)\mathrm{e}^{-\int_0^y\beta(y)\mathrm{d}\xi}\mathrm{d}y\\&\quad+\int_0^\infty p_{13}\alpha(z)\mathrm{e}^{-\int_0^z\alpha(\xi)\mathrm{d}\xi}\mathrm{d}z\\&=\mu p_{11}+a^{n-1}\lambda_4p_{n1}+a^{n-1}\lambda_5p_{n0}+\lambda_2p_{10}+\lambda_3p_{11}\end{aligned}\tag{6-1}$$

同理，由式（5-15）可得

$$\begin{aligned}(\lambda_1+\lambda_2+a^{i-1}\lambda_5)p_{i0}&=\mu p_{i1}+\int_0^\infty p_{i-1,2}(0)\gamma(y)\mathrm{e}^{-\int_0^y\gamma(y)\mathrm{d}\xi}\mathrm{d}y\\&\quad+\int_0^\infty p_{i3}\alpha(z)\mathrm{e}^{-\int_0^z\alpha(\xi)\mathrm{d}\xi}\mathrm{d}z\\&=\mu p_{i1}+a^{i-2}\lambda_4p_{i-1,1}+a^{i-2}\lambda_5p_{i-1,0}+\lambda_2p_{i0}+\lambda_3p_{i1}\end{aligned}\tag{6-2}$$

由式（6-1）、式（6-2）和式（5-16）可得系数矩阵：

$$
\begin{pmatrix}
\lambda_1+\lambda_5 & 0 & 0 & \cdots & 0 & -a^{n-1}\lambda_5 & -(\lambda_3+\mu) & 0 & 0 & \cdots & 0 & -a^{n-1}\lambda_4 \\
-\lambda_5 & \lambda_1+a\lambda_5 & 0 & \cdots & 0 & 0 & 0 & -(\lambda_3+\mu) & 0 & \cdots & 0 & 0 \\
0 & -a\lambda_5 & \lambda_1+a^2\lambda_5 & \cdots & 0 & 0 & 0 & 0 & -(\lambda_3+\mu) & \cdots & 0 & 0 \\
\vdots & \vdots & \vdots & & \vdots & \vdots & \vdots & \vdots & \vdots & & \vdots & \vdots \\
0 & 0 & 0 & \cdots & \lambda_1+a^{n-2}\lambda_5 & 0 & 0 & 0 & 0 & \cdots & -(\lambda_3+\mu) & 0 \\
0 & 0 & 0 & \cdots & -a^{n-2}\lambda_5 & \lambda_1+a^{n-1}\lambda_5 & 0 & 0 & 0 & \cdots & -a^{n-2}\lambda_4 & -(\lambda_3+\mu) \\
-\lambda_1 & 0 & 0 & \cdots & 0 & 0 & \lambda_3+\lambda_4+\mu & 0 & 0 & \cdots & 0 & 0 \\
0 & -\lambda_1 & 0 & \cdots & 0 & 0 & 0 & \lambda_3+a\lambda_4+\mu & 0 & \cdots & 0 & 0 \\
0 & 0 & -\lambda_1 & \cdots & 0 & 0 & 0 & 0 & \lambda_3+a^2\lambda_4+\mu & \cdots & 0 & 0 \\
\vdots & \vdots & \vdots & & \vdots & \vdots & \vdots & \vdots & \vdots & & \vdots & \vdots \\
0 & 0 & 0 & \cdots & -\lambda_1 & 0 & 0 & 0 & 0 & \cdots & \lambda_3+a^{n-2}\lambda_4+\mu & 0 \\
0 & 0 & 0 & \cdots & 0 & -\lambda_1 & 0 & 0 & 0 & \cdots & 0 & \lambda_3+a^{n-1}\lambda_4+\mu
\end{pmatrix}
$$

可得

$$p_{i0}^{*}=\frac{\Lambda_1+\lambda_5}{\Lambda_i+a^{i-1}\lambda_5}p_{10}\quad (i=2,3,\cdots,n-1) \tag{6-3}$$

$$p_{i1}^{*}=\frac{\lambda_1}{\lambda_3+a^{i-1}\lambda_4+\mu}\quad p_{i0}=\frac{\Lambda_i}{a^{i-1}\lambda_4}\frac{\Lambda_1+\lambda_5}{\Lambda_i+a^{i-1}\lambda_5}p_{10}\quad (i=1,2,\cdots,n) \tag{6-4}$$

将式（6-3）和式（6-4）代入式（5-18）～式（5-20）可得

$$p_{i2}^{*}(y)=(\Lambda_1+\lambda_5)p_{10}\mathrm{e}^{-\int_0^y \gamma(\xi)\mathrm{d}\xi}\quad (i=1,2,\cdots,n-1) \tag{6-5}$$

$$p_{n2}^{*}(y)=(\Lambda_1+\lambda_5)p_{10}\mathrm{e}^{-\int_0^y \beta(\xi)\mathrm{d}\xi} \tag{6-6}$$

$$p_{i3}^{*}(z)=\frac{(\Lambda_i\lambda_3+a^{i-1}\lambda_2\lambda_4)(\Lambda_1+\lambda_5)}{a^{i-1}\lambda_4(\Lambda_i+a^{i-1}\lambda_5)}p_{10}\mathrm{e}^{-\int_0^z \alpha(\xi)\mathrm{d}\xi}\quad (i=1,2,\cdots,n) \tag{6-7}$$

令

$$p_{i2}^{*}=\int_0^{\infty}p_{i2}(y)\mathrm{d}y(i=1,2,\cdots,n-1),\ p_{n2}^{*}=\int_0^{\infty}p_{n2}(y)\mathrm{d}y$$

$$p_{i3}^{*}=\int_0^{\infty}p_{i3}(z)\mathrm{d}z(i=1,2,\cdots,n)$$

结合式（6-2）～式（6-6），有

$$
\begin{aligned}
S&=\sum_{j=0}^{3}\sum_{i=1}^{n}p_{ij}^{*}\\
&\triangleq\sum_{i=1}^{n}p_{i0}^{*}+\sum_{i=1}^{n}p_{i1}^{*}+\sum_{i=1}^{n}\int_0^{\infty}p_{i2}^{*}(y)\mathrm{d}y+\sum_{i=1}^{n}\int_0^{\infty}p_{i3}^{*}(z)\mathrm{d}z\\
&=\left[\sum_{i=1}^{n}g_i+\sum_{i=1}^{n}g_i\frac{\Lambda_i}{a^{i-1}\lambda_4}+(n-1)k+l+m\sum_{i=1}^{n}g_i\frac{\lambda_3\lambda_4+a^{i-1}\lambda_2\lambda_4}{a^{i-1}\lambda_4}\right]p_{10}
\end{aligned}
$$

t 时系统瞬态可用度为

$$A_n(t)=\sum_{i=1}^{n}p_{i0}(t)+\sum_{i=1}^{n}p_{i1}(t)$$

令 $t\to\infty$ 时，可以得到系统稳态可用度为

$$A_n=\frac{\sum_{i=1}^{n}p_{i0}^{*}(t)+\sum_{i=1}^{n}p_{i1}^{*}(t)}{S}$$

$$=\frac{\sum_{i=1}^{n}g_i+\sum_{i=1}^{n}g_i\frac{\Lambda_i}{a^{i-1}}\lambda_4}{\sum_{i=1}^{n}g_i\left(\frac{\Lambda_i}{a^{i-1}\lambda_4}+1\right)+(n-1)k+l+m\sum_{i=1}^{n}g_i\left(\frac{\lambda_1\lambda_3}{a^{i-1}\lambda_4}+\lambda_2\right)} \tag{6-8}$$

定理 6.1.2 系统的故障频度为

$$W_{\mathrm{f}}=\frac{\sum_{i=1}^{n}(\lambda_2+a^{i-1}\lambda_5)\frac{\Lambda_1+\lambda_5}{\Lambda_i+a^{i-1}\lambda_5}+\sum_{i=1}^{n}(\lambda_3+a^{i-1}\lambda_4)\frac{\Lambda_i}{a^{i-1}\lambda_4}\frac{\lambda_1+\lambda_5}{\lambda_3+a^{i-1}\lambda_4+\mu}}{S}$$

证明 令

$$p_{i2}(t)=\int_0^{\infty}p_{i2}(t,y)\mathrm{d}y$$

$$\gamma_i(t)=\frac{\int_0^{\infty}\gamma(y)p_{i2}(t,y)\mathrm{d}y}{p_{i2}(t)}\quad(i=1,\cdots,n-1)$$

$$\beta(t)=\frac{\int_0^{\infty}\beta(y)p_{n2}(t,y)\mathrm{d}y}{p_{n2}(t)}\quad \alpha_i(t)=\frac{\int_0^{\infty}\alpha(z)p_{i3}(t,z)\mathrm{d}z}{p_{i3}(t)}\quad(i=1,\cdots,n)$$

$$p_{i3}(t)=\int_0^{\infty}p_{i3}(t,z)\mathrm{d}z$$

式（4-4）和式（4-5）两边对 y 从 0 到 ∞ 积分，式（4-6）两边对 z 从 0 到 ∞ 积分，结合式（4-1）、式（4-2）、式（4-6）和式（4-7）可得

$$\frac{\mathrm{d}p_{10}(t)}{\mathrm{d}t}=-(\lambda_1+\lambda_2+\lambda_5)p_{10}+\mu p_{11}+\beta(y)p_{n2}(t)+\alpha_1(t)p_{13}(t) \tag{6-9}$$

$$\frac{\mathrm{d}p_{i0}(t)}{\mathrm{d}t}=-(\lambda_1+\lambda_2+a^{i-1}\lambda_5)p_{i0}+\mu p_{i1}+\gamma_{i-1}(t)p_{i-1,2}(t)+\alpha_i(t)p_{i3}(t)\quad(i=2,3,\cdots,n) \tag{6-10}$$

$$\frac{\mathrm{d}p_{i1}(t)}{\mathrm{d}t}=-(\lambda_3+a^{i-1}\lambda_4+\mu)p_{i1}+\lambda_1p_{i0}\quad(i=1,2,\cdots,n) \tag{6-11}$$

$$\frac{\mathrm{d}p_{i2}(t)}{\mathrm{d}t}=-\gamma_i(t)p_{i2}(t)+[a^{i-1}\lambda_4p_{i1}(t)+a^{i-1}\lambda_5p_{i0}(t)]\quad(i=1,2,\cdots,n-1) \tag{6-12}$$

$$\frac{\mathrm{d}p_{n2}(t)}{\mathrm{d}t}=-\beta(t)p_{n2}(t)+[a^{n-1}\lambda_4p_{n1}(t)+a^{n-1}\lambda_5p_{n0}(t)] \tag{6-13}$$

$$\frac{\mathrm{d}p_{i3}(t)}{\mathrm{d}t}=-\alpha_i(t)p_{i3}(t)+(\lambda_3p_{i1}+\lambda_2p_{i0})\quad(i=1,2,\cdots,n) \tag{6-14}$$

从而可得下面的转移矩阵：

$$\bar{\boldsymbol{D}}=\begin{pmatrix}\boldsymbol{D}_{11}&\boldsymbol{D}_{12}&\boldsymbol{D}_{13}&\boldsymbol{D}_{14}\\\boldsymbol{D}_{21}&\boldsymbol{D}_{22}&\boldsymbol{D}_{23}&\boldsymbol{D}_{24}\\\boldsymbol{D}_{31}&\boldsymbol{D}_{32}&\boldsymbol{D}_{33}&\boldsymbol{D}_{34}\\\boldsymbol{D}_{41}&\boldsymbol{D}_{42}&\boldsymbol{D}_{43}&\boldsymbol{D}_{44}\end{pmatrix}$$

其中，

$$D_{11} = \mathrm{diag}(-(\lambda_1+\lambda_2+\lambda_5), -(\lambda_1+\lambda_2+a\lambda_5), \cdots, -(\lambda_1+\lambda_2+a^{n-1}\lambda_5))$$

$$D_{21} = \mathrm{diag}(\lambda_1, \lambda_1, \cdots, \lambda_1)$$

$$D_{31} = \mathrm{diag}(\lambda_5, a\lambda_5, \cdots, a^{n-1}\lambda_5)$$

$$D_{41} = \mathrm{diag}(\lambda_2, \lambda_2, \cdots, \lambda_2)$$

$$D_{12} = \mathrm{diag}(\mu, \mu, \cdots, \mu)$$

$$D_{22} = \mathrm{diag}\left(-(\lambda_3+\lambda_4+\mu), -(\lambda_3+a\lambda_4+\mu), \cdots, -(\lambda_3+a^{n-1}\lambda_4+\mu)\right)$$

$$\boldsymbol{D}_{23} = \boldsymbol{D}_{24} = \boldsymbol{D}_{34} = \boldsymbol{D}_{43} = \boldsymbol{O}_{n\times n}$$

$$D_{14} = \mathrm{diag}\left(\alpha_1(t), \alpha_2(t), \cdots, \alpha_n(t)\right)$$

$$D_{44} = \mathrm{diag}\left(-\alpha_1(t), -\alpha_2(t), \cdots, -\alpha_n(t)\right)$$

$$D_{13} = \begin{pmatrix} 0 & 0 & 0 & \cdots & 0 & \beta(t) \\ \gamma_1(t) & 0 & 0 & \cdots & 0 & 0 \\ 0 & \gamma_2(t) & 0 & \cdots & 0 & 0 \\ \vdots & \vdots & \vdots & & \vdots & \vdots \\ 0 & 0 & 0 & \cdots & 0 & 0 \\ 0 & 0 & 0 & \cdots & \gamma_{n-1}(t) & 0 \end{pmatrix}$$

$$D_{13} = \begin{pmatrix} -\gamma_1(t) & 0 & \cdots & 0 & 0 \\ 0 & -\gamma_2(t) & \cdots & 0 & 0 \\ \vdots & \vdots & & \vdots & \vdots \\ 0 & 0 & \cdots & -\gamma_{n-1}(t) & 0 \\ 0 & 0 & \cdots & 0 & \beta(t) \end{pmatrix}$$

容易得到

$$W_{\mathrm{f}} = \sum_{i=1}^{n}(\lambda_2 + a^{i-1}\lambda_5)p_{i0}(t) + \sum_{i=1}^{n}(\lambda_3 + a^{i-1}\lambda_4)p_{i1}(t)$$

当 $t \to \infty$ 时，有

$$W_{\mathrm{f}} = \frac{\displaystyle\sum_{i=1}^{n}(\lambda_2 + a^{i-1}\lambda_5)\frac{\Lambda_1 + \lambda_5}{\Lambda_i + a^{i-1}\lambda_5} + \sum_{i=1}^{n}(\lambda_3 + a^{i-1}\lambda_4)\frac{\Lambda_i}{a^{i-1}\lambda_4}\frac{\lambda_1 + \lambda_5}{\lambda_3 + a^{i-1}\lambda_4 + \mu}}{S} \tag{6-15}$$

6.2 数值模拟

本节主要对系统的可靠性指标进行数值分析，讨论系统某些参数对系统的稳态可用度 A、故障频度 W 及单位时间收益的影响. 设单位时间总收益 $I = c_1A - c_2W$ ， c_1, c_2 分别表示单位时间内因系统工作带来的收益和因系统故障带来的损失. 此时，平均开工时间 $\mathrm{MUT} = \dfrac{A}{W}$，平均停工时间 $\mathrm{MDT} = \dfrac{1-A}{W}$.

为了描述系统某些参数对系统的稳态可用度、故障频度、单位时间收益的影响，下面通过数值分析仿真. 根据系统实际运行情况，这里 $\beta > \gamma$，假定 $\lambda = 0.05, \beta = 5, \alpha = \gamma = 1$（$\lambda$ 为失效率，α、β、γ 为修复率），首先分析不同几何比率时系统的稳态可用度的影响. $a = 2$ 时系统的稳态可用度高于 $a = 5$ 时系统的稳态可用度，如图 6-1 所示，即 $A_1 > A_2$.

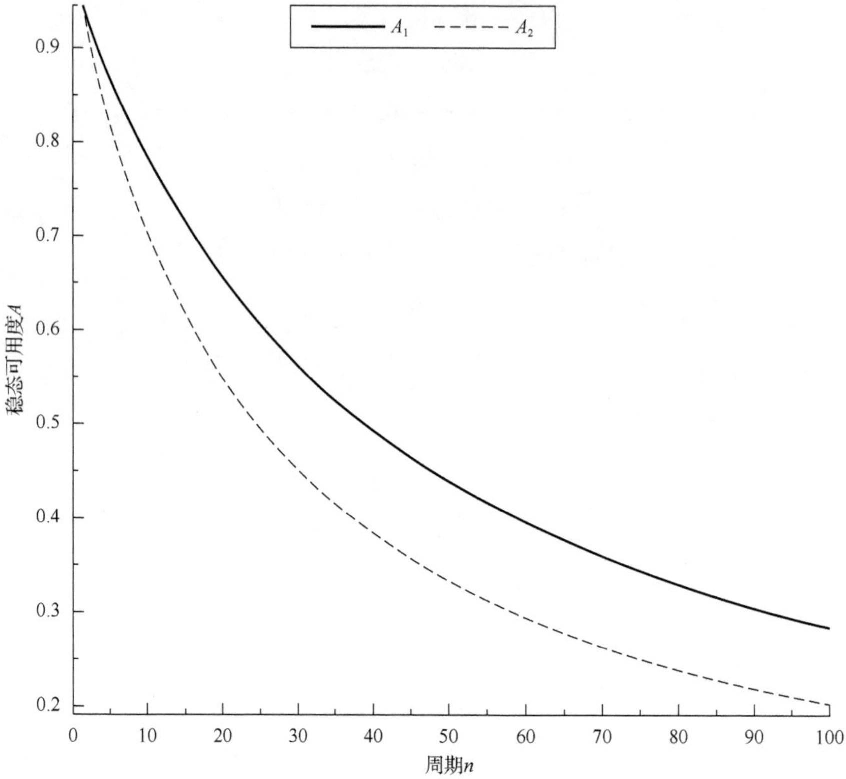

图 6-1　不同几何比率时稳态可用度 A 随周期 n 的变化

$a = 5$ 时系统的故障频度高于 $a = 2$ 时系统的故障频度，如图 6-2 所示，即 $W_1 > W_2$.

$a = 2$ 时系统的单位时间收益高于 $a = 5$ 时系统的单位时间收益，如图 6-3 所示，即 $I_1 > I_2$.

$\lambda = 0.01$ 时系统的稳态可用度高于 $\lambda = 0.05$ 时系统的稳态可用度，如图 6-4 所示，即 $A_1 > A_2$.

$\lambda = 0.01$ 时系统的故障频度高于 $\lambda = 0.05$ 时系统的故障频度，如图 6-5 所示，即 $W_1 > W_2$.

$\lambda = 0.01$ 时系统的单位时间收益高于 $\lambda = 0.05$ 时系统的单位时间收益，如图 6-6 所示，即 $I_1 > I_2$.

其次考察完全维修和周期对系统可靠性指标或收益的影响. 根据系统实际运行情况，这里 $\beta > \gamma$. 假定 $\lambda = 0.05, a = 1.1, \alpha = \gamma = 1, c_1 = 100, c_2 = 10$. 图 6-7～图 6-9 分别描述了系统的稳态可用度、故障频度、单位时间收益的变化情况.

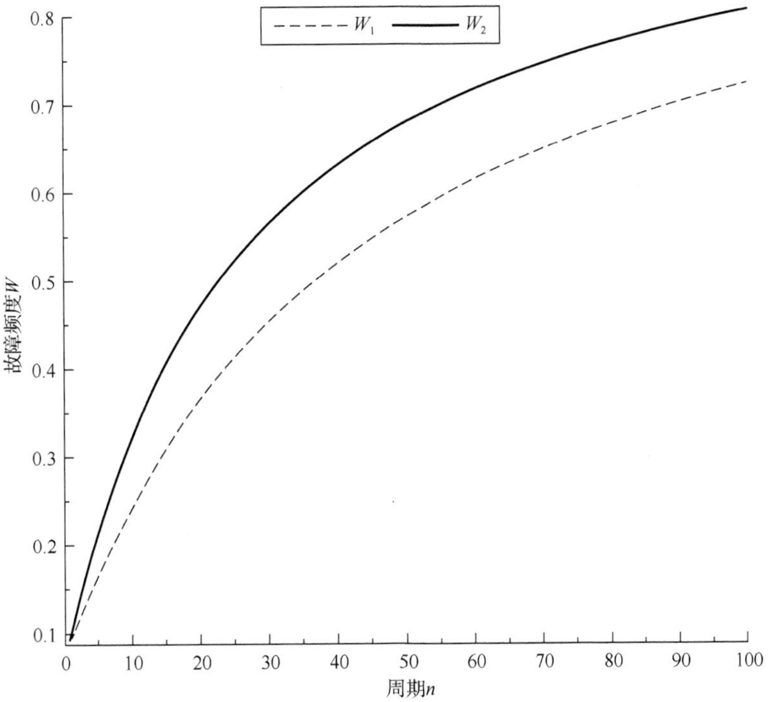

图 6-2　不同几何比率时故障频度 W 随周期 n 的变化

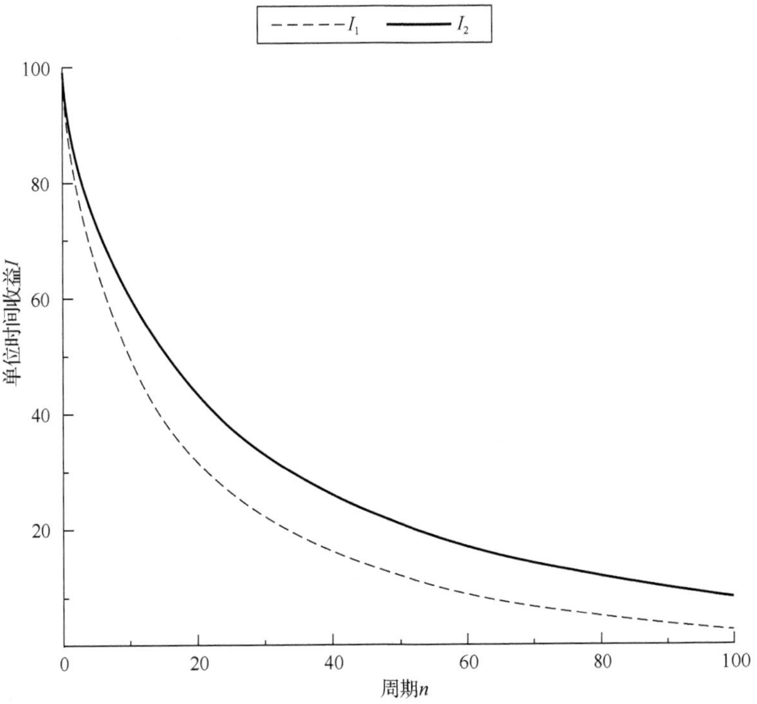

图 6-3　不同几何比率时单位时间收益 I 随周期 n 的变化

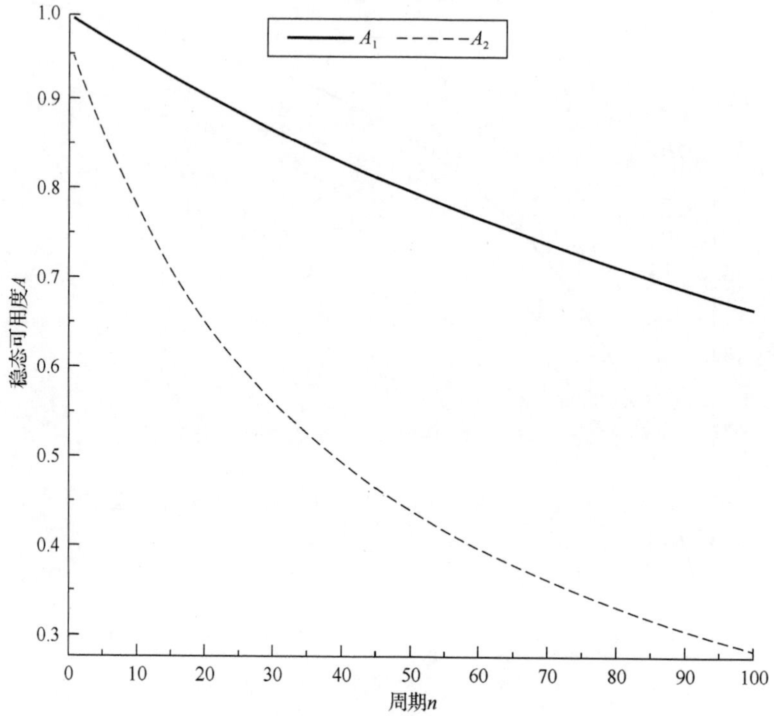

图 6-4 不同故障率时稳态可用度 A 随周期 n 的变化

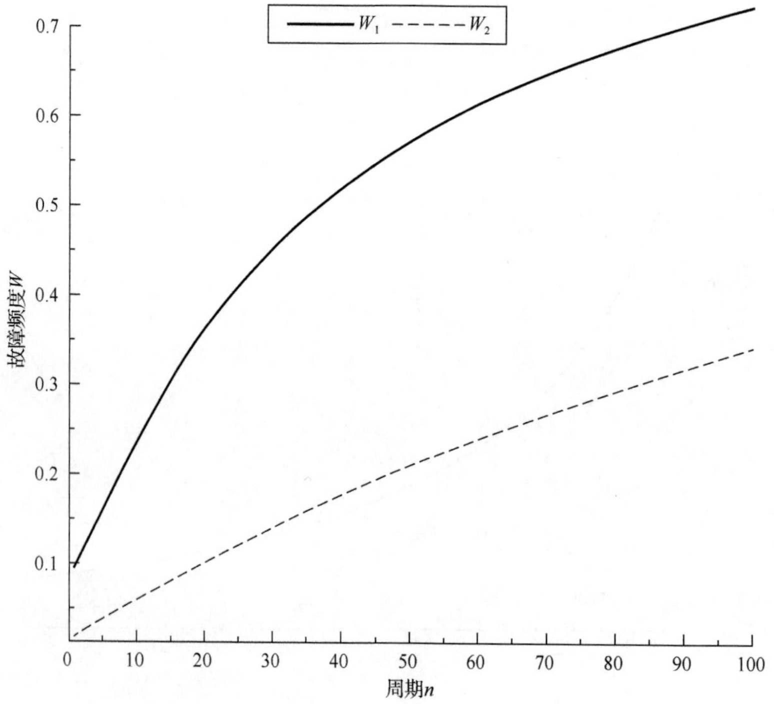

图 6-5 不同故障率时故障频度 W 随周期 n 的变化

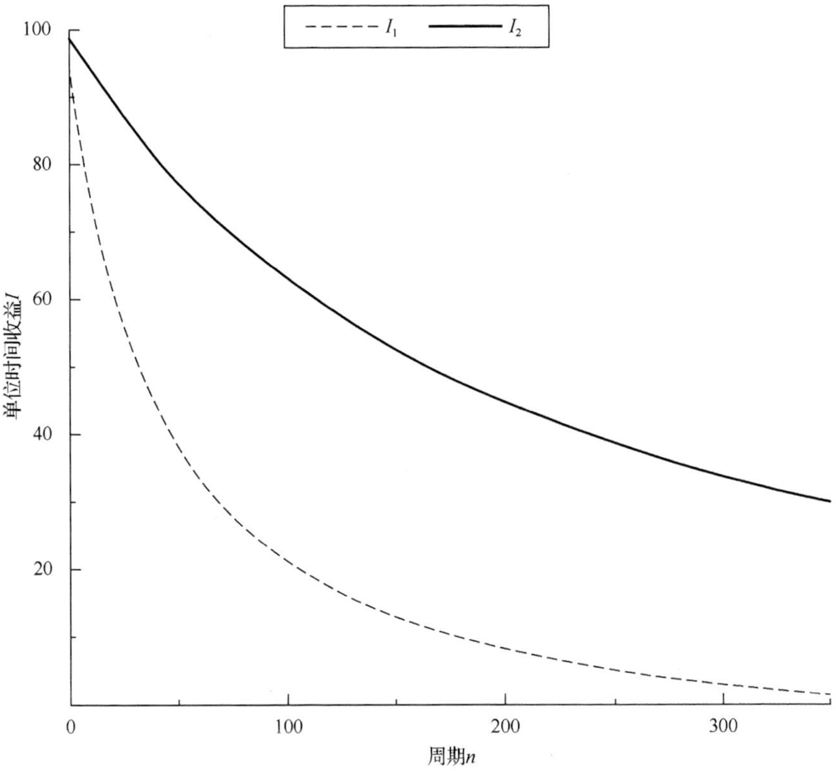

图 6-6　不同故障率时单位时间收益 I 随周期 n 的变化

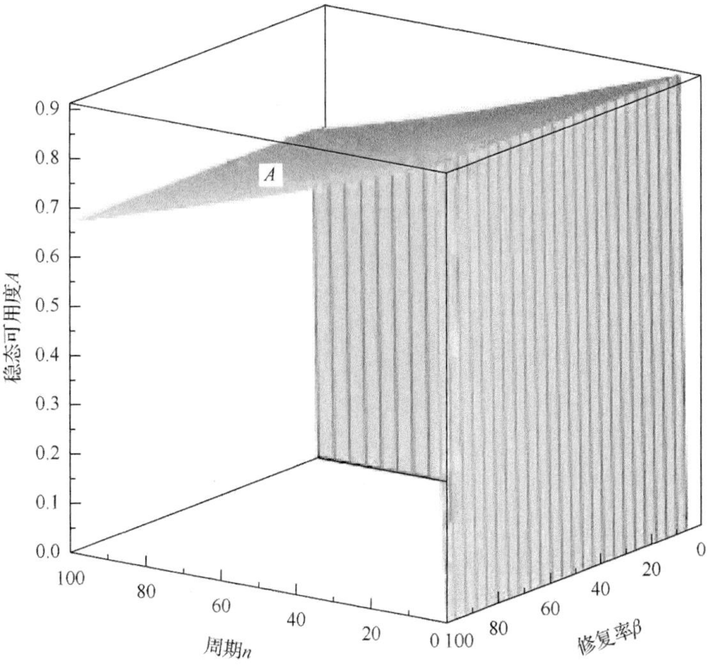

图 6-7　稳态可用度 A 随周期 n 和修复率 β 的变化

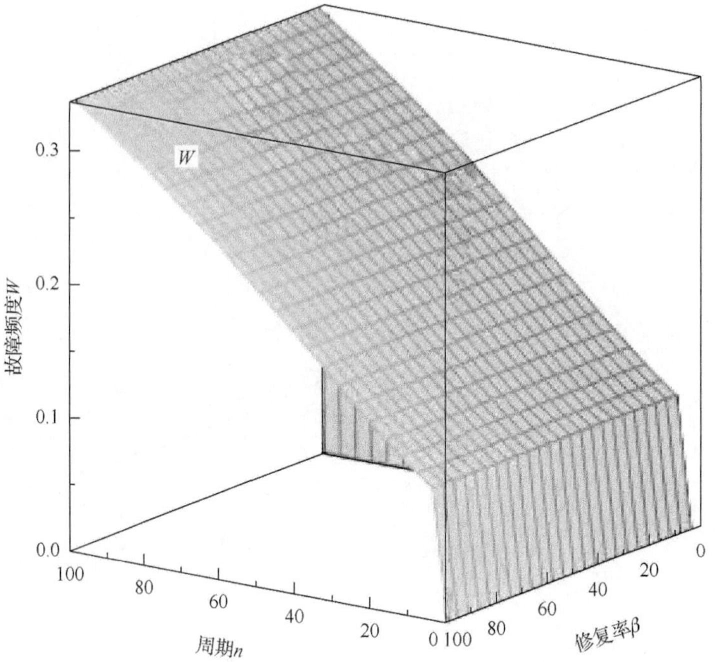

图 6-8　故障频度 W 随周期 n 和修复率 β 的变化

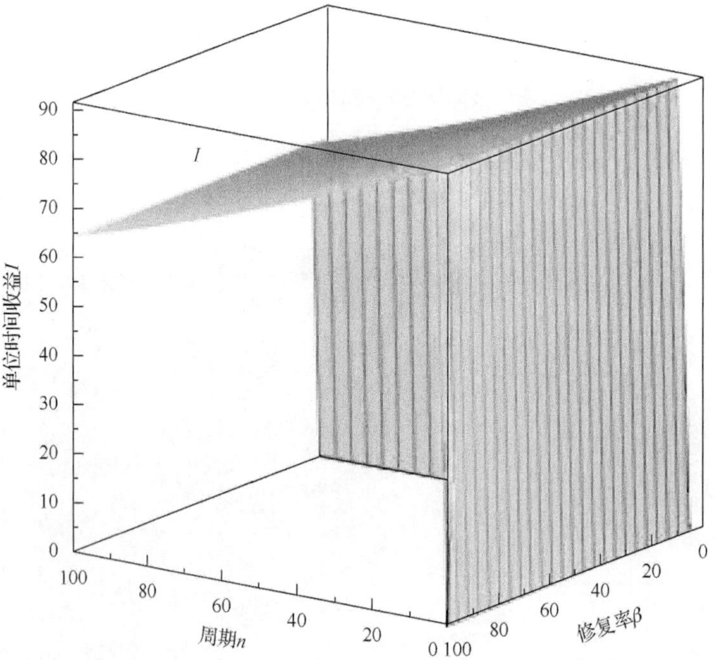

图 6-9　I 随 n 和 β 的变化

通过图 6-7 和图 6-9 可以发现，随着周期 n 和修复率 β 的增加，系统的稳态可用度和单位时间收益呈递减趋势. 由图 6-8 可以发现，系统的故障频度呈递增趋势. 完全维修对稳态可用度、单位时间收益及故障频度影响较小.

再次分析几何比率和周期对系统可靠性指标和利润的影响. 根据系统实际运行情况，这里 $\beta > \gamma$. 假定 $\lambda = 0.05, \beta = 5, \alpha = \gamma = 1, c_1 = 100, c_2 = 10$ ，这里 $a > 1$. 图 6-10～图 6-12 分别给出了稳态可用度、故障频度、单位时间收益随周期 n 和几何比率 a 的变化情况.

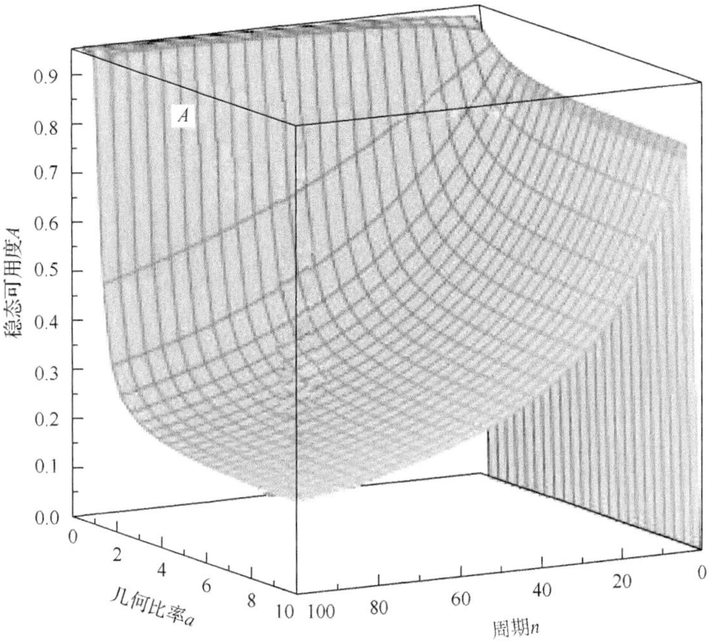

图 6-10　稳态可用度 A 随周期 n 和几何比率 a 的变化

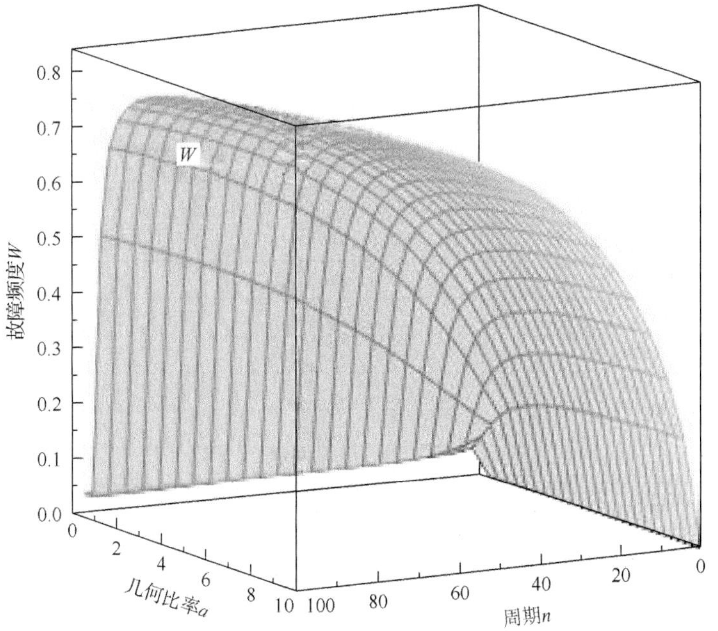

图 6-11　故障频度 W 随周期 n 和几何比率 a 的变化

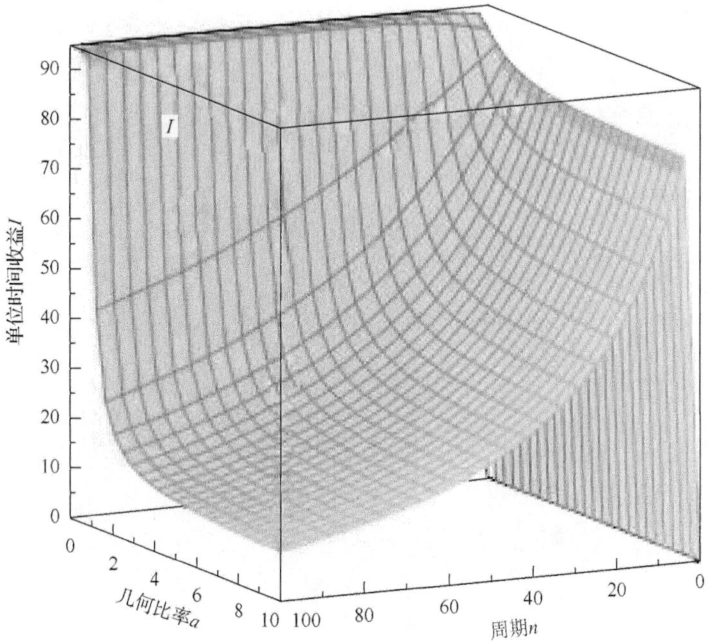

图 6-12　单位时间收益 I 随周期 n 和几何比率 a 的变化

从图 6-10 和图 6-12 可以看出，稳态可用度和单位时间收益呈递减趋势，且当达到一定周期后趋于稳定；由图 6-11 可以看出，故障频度呈递增趋势，且当达到一定周期后也趋于稳定. 这与前面理论分析的结果相一致.

最后分析在不同几何比率时系统的可靠性指标. 因为变量大于两个，所以无法用图像描绘各指标的变化情况，现以表格形式给出. 表 6-1 给出了 $\lambda=0.1, \beta=5, \alpha=\gamma=1, c_1=100, c_2=10, a=1.1$ 时其他可靠性指标的变化情形.

表 6-1　a=1.1 时系统的可靠性指标

n	A	W	MUT	MDT	I
1	0.89	0.18	5.00	0.60	87.50
2	0.86	0.18	4.78	0.79	84.01
3	0.84	0.18	4.57	0.86	82.40
4	0.83	0.19	4.37	0.89	81.22
5	0.82	0.20	4.18	0.91	80.20
6	0.81	0.20	3.99	0.92	79.25
7	0.80	0.21	3.82	0.93	78.32
8	0.80	0.22	3.65	0.94	77.42
9	0.79	0.23	3.50	0.94	76.52
10	0.78	0.23	3.35	0.95	75.62
20	0.70	0.31	2.26	0.97	66.90
30	0.63	0.38	1.66	0.98	59.15
40	0.57	0.44	1.30	0.98	52.65

续表

n	A	W	MUT	MDT	I
50	0.52	0.49	1.07	0.99	47.22
60	0.48	0.53	0.91	0.99	42.65
70	0.44	0.56	0.79	0.99	38.76
80	0.41	0.59	0.70	0.99	35.40
90	0.39	0.62	0.63	0.99	32.47
100	0.36	0.64	0.57	0.99	29.90
1000	0.06	0.94	0.06	1.00	−3.81

表 6-2 给出了 $\lambda=0.1, \beta=5, \alpha=\gamma=1, c_1=100, c_2=10, a=1.3$ 时其他可靠性指标的变化情形.

表 6-2　a =1.3 时系统的可靠性指标

n	A	W	MUT	MDT	I
1	0.89	0.18	5.00	0.60	87.50
2	0.86	0.18	4.69	0.79	83.80
3	0.54	0.19	4.40	0.85	81.91
4	0.82	0.20	4.13	0.88	80.40
5	0.81	0.21	3.88	0.90	79.03
6	0.80	0.22	3.64	0.92	77.72
7	0.79	0.23	3.42	0.92	76.43
8	0.78	0.24	3.22	0.93	75.15
9	0.76	0.25	3.04	0.94	73.88
10	0.75	0.26	2.87	0.94	72.62
20	0.65	0.36	1.77	0.97	61.06
30	0.56	0.45	1.26	0.98	51.90
40	0.50	0.51	0.98	0.98	44.78
50	0.45	0.56	0.80	0.99	39.13
60	0.41	0.60	0.67	0.99	34.53
70	0.37	0.64	0.58	0.99	30.72
80	0.34	0.66	0.51	0.99	27.51
90	0.32	0.69	0.46	0.99	24.77
100	0.30	0.71	0.42	0.99	22.40
1000	0.04	0.96	0.04	1.00	−5.45

表 6-3 给出了 $\lambda=0.1, \beta=5, \alpha=\gamma=1, c_1=100, c_2=10, a=1.5$ 时其他可靠性指标的变化情形.

表 6-3　a =1.5 时系统的可靠性指标

n	A	W	MUT	MDT	I
1	0.89	0.18	5.00	0.60	87.50
2	0.85	0.19	4.55	0.78	83.45
3	0.83	0.20	4.13	0.84	81.03
4	0.81	0.22	3.76	0.88	78.95
5	0.79	0.23	3.43	0.89	76.97
6	0.78	0.25	3.13	0.91	75.04
7	0.76	0.26	2.87	0.92	73.15
8	0.74	0.28	2.65	0.93	71.29
9	0.72	0.30	2.45	0.93	69.48
10	0.71	0.31	2.28	0.94	67.71
20	0.57	0.44	1.30	0.97	53.06
30	0.48	0.53	0.91	0.98	42.93
40	0.42	0.60	0.70	0.98	35.60
50	0.36	0.64	0.57	0.98	30.05
60	0.33	0.68	0.48	0.99	25.70
70	0.29	0.71	0.41	0.99	22.21
80	0.27	0.74	0.36	0.99	19.34
90	0.25	0.76	0.32	0.99	16.94
100	0.23	0.78	0.29	0.99	14.90
1000	0.03	0.97	0.03	1.00	−6.81

小　　结

本章首先给出了系统稳定性的应用，利用稳态解求出系统的各项可靠性指标，如稳态可用度、故障频度、平均开工时间、平均停工时间的表达式；其次，利用求得的可靠性指标给出了系统利润公式；最后，对上面求得的系统可靠性指标和利润进行了数值模拟，分析了系统某些参数变化时对可靠性指标的影响.

参考文献

[1] 盐见弘．可靠性工程基础[M]．彭乃学，赵清，赵秀芹，译．北京：科学出版社，1982．

[2] 刘惟信．机械可靠性设计[M]．北京：清华大学出版社，1996．

[3] 拓耀飞，李少宏．论结构可靠性的发展[J]．榆林学院学报，2006，16（4）：32-35．

[4] 川崎义人．可靠性、维修性总论[M]．吴关昌，译．北京：机械工业出版社，1988．

[5] CLEMENT L M. Reliability of military electronic equipment[J]. Journal of the British institution of radio engineers, 1956, 16(9): 488-495.

[6] PLAM C. Arbetskraftens fordelning vid betjaning avautomatckiner[J]. Industritidningen Norden, 1947, 75: 75-80.

[7] LTOKA A J. A contribution to the theory of self-renewing aggregates with special reference to industrial replacement[J]. Institute of mathematical statistics, 1939, 10(1): 1-25.

[8] CAMPBELL N R. The replacement of perishable members of a continually operating system[J]. Journal of the royal statistical society, 1941, 7(2): 110-130.

[9] WEIBULL W. A statistical theory of the strength of materials[J]. Ingeniors vetenskaps akademien, 1939, 151: 1-45.

[10] GUMBEL E J. Les valeurs extrêmes des distributions statistiques[J]. Annales de l'institut henri poincaré physique théorique, 1935, 5(2): 115-158.

[11] EPSTEIN B. Appication of the theory of extreme values in fracture problem[J]. Journal of the American statistical association, 1948, 43(243): 403-412.

[12] COX D R. The analysis of non-Markovian stochastic process by the inclusion of supplementary variables[J]. Proceedings of the cambridge philosophical society, 1955, 51(3): 433-441.

[13] GAVER D P. Time to failure and availability of paralleled system with repair[J]. IEEE transcations on reliability, 1963, R-12(2): 30-38.

[14] CHUNG W K. Reliability analysis of a k-out-of-N: G redundant system with multiple critical errors[J]. Microelectronics reliability, 1990, 30(5): 907-910.

[15] CHUNG W K. Reliability of imperfect switching of cold standby systems with multiple non-critical and critical errors[J]. Microelectronics reliability, 1995, 35(12): 1479-1482.

[16] CHUNG W K. A k-out-of-N: G redundant system with cold standby units and common-cause failures[J]. Microelectronics reliability, 1984, 24(4): 691-695.

[17] CHUNG W K. A reliability analysis of a k-out-of-N: G redundant system with common-cause failures and critical human errors[J]. Microelectronics reliability, 1990, 30(2): 237-241.

[18] CHUNG W K. A reliability analysis of a k-out-of-N: G redundant system with the presence of chance common-cause shock failures[J]. Microelectronics reliability, 1992, 32(10): 1395-1399.

[19] CHUNG W K. Reliability analysis of a k-out-of-N: G redundant system in the presence of chance with multiple critical errors[J]. Microelectronics reliability,1993, 33(3): 331-334.

[20] CHUNG W K. Stochastic analysis of a k-out-of-N: G redundant systems with repair and multiple critical and non-critical errors[J]. Microelectronics reliability, 1995, 35(11): 1429-1431.

[21] DHILLON B S. Robot reliability and safety[M]. Berlin: Springer-Verlag, 1991.

[22] DHILLON B S. A 4-Unit redundant system with common-cause failures[J]. IEEE transactions on reliability, 1979, R-28(3): 267.

[23] DHILLON B S, RAYAPATI S N. Analysis of redundant systems with human errors[J]. Microelectronics reliability, 1986, 26(3): 580.

[24] DHILLON B S. Stochastic analysis of a system with common-cause failures and critical human errors [J]. Microelectronics

reliability, 1989, 29(4): 627-637.

[25] DHILLON B S, YANG N. Reliability and availability analysis of warm standby systems with common-cause failures and human errors[J]. Microelectronics reliability, 1992, 32(4): 561-575.

[26] DHILLON B S, YANG N. Human errors analysis of standby redundant system with arbitrarily distributed repair times[J]. Microelectronics reliability, 1993, 33(3): 431-444.

[27] DHILLON B S, YANG N. Stochastic analysis of standby systems with common-cause failures and human errors[J]. Microelectronics reliability, 1992, 32(12): 1699-1712.

[28] DHILLON B S, YANG N. Availability of a man-machine system with critical and non-human error[J]. Microelectronics reliability, 1993, 33(10): 1511-1521.

[29] DHILLON B S, YANG N N. Stochastic analysis of a general standby system with constant human error and arbitrarily system repair rates [J]. Microelectronics reliability, 1995, 35(7): 1037-1045.

[30] PROCTOR C L, SINGH B. The analysis of a four-state system[J]. Microelectronics reliability, 1976, 15(1): 53-55.

[31] DHILLON B S. A note on a four-state system[J]. Microelectronics reliability, 1976, 15(5): 491-492.

[32] YANG N , DHILLON B S. Availability analysis of a repairable standby human-machine system[J]. Microelectronics reliability, 1995, 35(11): 1401-1413.

[33] GUPTA P P, SHARMA R K. Reliability analysis of a two state repairable parallel redundant system under human failure[J]. Microelectronics reliability, 1986, 26(2): 221-224.

[34] GUPTA P P, KUMAR A. Reliability and MTTF evaluation of a repairable complex system under waiting[J]. Microelectronics reliability, 1987, 27(5): 815-818.

[35] GUPTA P P, KUMAR A. Reliability and MTTF analysis of a non repairable parallel redundant complex system under hardware and human failures[J]. Microelectronics reliability, 1986, 26(2): 229-234.

[36] GUPTA P P, KUMAR A. Cost function analysis of a standby redundant non-repairable system subjected to different types of failures[J]. Microelectronics reliability, 1986, 26(5): 835-839.

[37] GUPTA P P, SHARMA R K. Cost analysis of a three-state repairable redundant complex system under various modes of failures[J]. Microelectronics reliability, 1986, 26(1): 69-73.

[38] GUPTA P P, GUPTA R K. Cost analysis of an electronic repairable redundant system with critical human errors[J]. Microelectronics reliability, 1986, 26(3): 417-421.

[39] GUO T D, CAO J H. Reliability analysis of a multistate one-unit repairable system operating under a changing environment[J]. Microelectronics reliability, 1992, 32(3): 439-443.

[40] Cao J H. Reliability analysis of a repairable system in a changing environment subject to a general alternating renewal process[J]. Microelectronics reliability, 1988, 28(6): 889-892.

[41] SINGH C. Reliability analysis of large repairable systems[J]. Microelectronics reliability, 1974, 13(6): 487-493.

[42] WU S M, HUANG R, WAN D J. Reliability analysis of a repairable system without being repaired "as good as new" [J]. Microelectronics reliability, 1994, 34(2): 357-360.

[43] LIEN Z T. Reliability analysis of a repairable system in a randomly changing environment[J]. Microelectronics reliability, 1992, 32(10): 1373-1377.

[44] KONTOLEON J M. A general approach for determining reliability measures of repairable systems[J]. Reliability Engineering, 1981, 2(1): 57-63.

[45] NAKAGAWA T. Reliability analysis of standby repairable systems when an emergency occurs[J]. Microelectronics reliability, 1978, 17(4): 461-464.

[46] YONEHARA Y, NAKAMURA M, OSAKI S. Reliability analysis of a 2-out-of-n: F system with repairable primary and degradation units[J]. Microelectronics reliability, 1982, 22(6): 1081-1097.

[47] MOKHLES N A, SALEB E H. Reliability analysis of a k-out-of-n: F repairable system with dependent units[J]. Microelectronics reliability, 1988, 28(4): 535-539.

[48] PHAM H, SUPRASAD A, MISRA R B. Reliability analysis of k-out-of-n systems with partially repairable multi-state components[J]. Microelectronics reliability, 1996, 36(10): 1407-1415.

[49] GADANI J P, MISRA K B. Availability of k-out-of-m: G repairable system with non-identical elements [J]. Microelectronics reliability, 1979, 19(1-2): 65-71.

[50] TANG L C, OLORUNNIWO F O. A maintenance model for repairable systems [J]. Reliability engineering & system safety, 1989, 24(1): 21-32.

[51] DHILLON B S, ANUDE O C. Income optimization of repairable and redundant system [J]. Microelectronics reliability, 1994, 34(11): 1709-1720.

[52] GOEL G D , MURARI K. Two-unit cold-standby redundant system subject to random checking，corrective maintenance and system replacement with repairable and non-repairable types of failure [J]. Microelectronics reliability, 1990, 30(4): 661-665.

[53] YAMASHIRO M. A repairable system with N failure modes and K standby units [J]. Microelectronics reliability, 1982, 22(1): 53-57.

[54] VANDERPERRE E J，MAKHANOV S S, SUCHATVEJAPOOM S. Long-run availability of a repairable parallel system[J]. Microelectronics reliability, 1997, 37(3): 525-527.

[55] LI W，ALFA A S，ZHAO Y Q. Stochastic analysis of a repairable system with three units and two repair facilities[J]. Microelectronics reliability, 1998, 38(4): 585-595.

[56] ASCHER H E. Evaluation of repairable system reliability using "bad as old" concept[J]. IEEE transactions on reliability, 1968, R-17(2): 103-110.

[57] BARLOW R, HUNTER L. Optimum preventive maintenance polices [J]. Operations research, 1960, 8(1): 90-100.

[58] BROWN M, PROSCHAN F. Imperfect repair [J]. Journal of applied probability, 1983, 20: 851-859.

[59] LAM Y. A note on the optimal replacement problem [J]. Advances in applied probability, 1988, 20(2): 479-482.

[60] LAM Y. Geometric processes and replacement problem [J]. Acta mathematicae applicatae sinica, 1988, 4(4): 366-377.

[61] LAM Y. Nonparametric inference for geometric process[J]. Communication in statistics-theory methods, 1992, 21(7): 2083-2105.

[62] LAM Y, CHAN S K. Statistical inference for geometric processes with lognormal distribution[J]. Computational statistics and data analysis, 1998, 27(1): 99-112.

[63] LAM Y, ZHENG Y H, ZHANG Y L. Some limit theorems in geometric processes[J]. Acta mathematicae applicatae sinica, 2003, 19(3): 405-416.

[64] LAM Y, ZHU L X, CHAN J S K, et al. Analysis of data from a series of events by a geometric process model[J]. Acta mathematicae applicatae sinica, 2004, 20(2): 263-282.

[65] LAM Y. Optimal geometric process replacement model[J]. Acta mathematicae applicatae sinica, 1992, 8(1): 73-81.

[66] LAM Y. A geometric process maintenance model [J]. Southeast asian bulletin of mathematics, 2003, 27: 295-305.

[67] STADJE W, ZUCKERMAN D. Optimal strategies for some repair replacement models[J]. Advances in applied probability, 1990,22(3): 641-656.

[68] LAM Y. Optimal policy for a general repair replacement model: average reward case[J]. IMA journal of management mathematics, 1991, 3(2): 117-129.

[69] LAM Y. An optimal repairable replacement model for deteriorating systems[J]. Journal of applied probability, 1991, 28(4): 843-851.

[70] LAM Y. Optimal policy for a general repair replacement model: discounted reward case[J]. Communications in statistics. part c: stochastic models, 1992, 8(2): 245-267.

[71] STANLEY A D J. On geometric processes and repair replacement problems[J]. Microelectronics reliability, 1993, 33(4): 489-491.

[72] LAM Y, ZHANG Y L. A geometric-process maintenance model for a deteriorating system under a random environment[J]. IEEE transactions on reliability, 2003, 52(1): 83-89.

[73] CHEN J Y，LI Z H. An extended extreme shock maintenance model for a deteriorating system[J]. Reliability engineering and system safety, 2008, 93(8): 1123-1129.

[74] ZHANG Y L, YAM R C M, ZUO M J. Optimal replacement policy for a multistate repairable system[J]. Journal of the operational research society, 2002, 53(3): 336-341.

[75] LAM Y, ZHANG Y L, ZHENG Y H. A geometric process equivalent model for a multistate degenerative system[J]. European journal of operational research society, 2002, 142: 21-29.

[76] 唐亚勇，刘亚平. 具有两种失效状态系统的几何过程维修模型[J]. 四川大学学报（自然科学版），2006，43（6）：1409-1411.

[77] ZHANG Y L. An optimal replacement policy for a three-state repairable system with a monotone process model [J]. IEEE transactions on reliability, 2004, 53(4): 452-457.

[78] 贾积身，刘思峰，李坤．基于停机时间的单重休假可修系统最优化策略研究[J]．集团经济研究，2006，4：192-193.

[79] 贾积身，刘思峰，党耀国．修理工单重休假可修系统平均停机时间研究[J]．系统工程与电子技术，2006，28（11）：1170-1174.

[80] 贾积身，刘思峰，党耀国．修理工单重休假可修系统最优化管理研究[J]．系统工程理论与实践，2007，27（7）：98-104.

[81] 贾积身，刘思峰，党耀国．修理工多重休假的可修系统更换策略[J]．系统管理学报，2007，16（5）：513-517.

[82] JIA J S, WU S M. A replacement policy for a repairable system with its repairman having multiple vacations [J]. Computers & industrial engineering, 2009, 57(1): 156-160.

[83] 贾积身．保修策略下的费用分析[J]．河南师范大学学报（自然科学版），2002，30（4）：98-100.

[84] 贾积身，张元林．保修策略下的系统最优更换模型[J]．经济数学，2003，20（2）：72-76.

[85] 贾积身．按比例和免费保修策略下费用分析[J]．管理工程学报，2004，18（2）：103-104.

[86] BRAUN W J, LI W, ZHAO Y Q. Properties of the geometric and related processes [J]. Naval research logistics, 2005, 52:607-616.

[87] SHEU S H. Extended optimal replacement model for deteriorating systems [J]. European journal of operational research, 1999, 112(3): 503-516.

[88] STADJE W, ZUCKERMAN D. Optimal repair policies with general degree of repair in two maintenance models[J]. Operations research letters, 1992, 11(2): 77-80.

[89] 贾积身，乔保民，张元林．A geometric process repair model for the repairable system consisting of one component [J]．数学季刊（英文版），2001，16（4）：76-82.

[90] 贾积身，赵剑威，张清叶．单部件可修系统的年龄维修策略[J]．河南机电高等专科学校学报，2005，13（1）：64，92.

[91] 贾积身，张秋生，李爱真．基于系统平均停机时间的维修策略研究[J]．河南机电高等专科学校学报，2006，14（4）：1-2，15.

[92] 贾积身，王东升，段振辉．退化可修系统最优更换数学模型研究[J]．数学的实践与认识，2006，36（4）：1-4.

[93] ZHANG Y L. A geometrical process repair model for a repairable system with delayed repair[J]. Computers and mathematics with applications, 2008, 55(8):1629-1643.

[94] PAZY A. Semigroups of linear operators and applications to partial differential equations[M]. New York: Springer-Verlag, 1983.

[95] ARENDT W. Resolvent positive operators [J]. Proceedings of the London mathematical society, 1987, 54(3): 321-349.

[96] 于景元，郭宝珠，朱广田．人口分布参数系统控制理论[M]．武汉：华中理工大学出版社，1999.

[97] GUPUR G, LI X Z, ZHU G T. Functional analysis method in queueing theory[M]. Hertfordshire: Research information

limited company, 2001.

[98] 高德智．一类串联动态修复系统的适定性[J]．数学的实践与认识，2003，32（2）：80-85.

[99] XU H B, GUO W H, YU J Y, et al. The asymptotic stability of a series repairable system [J]. Acta mathematicae applicatae sinica, 2006, 29(1): 46-52.

[100] XU H B, GUO W H. Asymptotic stability of a parallel repairable system with warm standby[J]. International journal of systems science, 2004, 35(12): 685-692.

[101] HAJI, ABDUKERIM. A semigroup approach to the system with primary and secondary failures[J]. International journal of mathematics and mathematical sciences, 2010, (2010): 1-33.

[102] 胡薇薇．可修复系统的稳定性分析[D]．北京：北京信息控制研究所，2007.

[103] HU W W, XU H B, ZHU G T. Exponential stability of a parallel repairable system with warm standby[J]. Acta analysis functionalis applicata, 2007, 9(4): 311-319.

[104] GAO C, GUO L, XU H, et al. Stability analysis of a new kind series system[J]. IMA journal of applied mathematics, 2010, 75(3): 439-460.

[105] 辛玉红．供应链系统鲁棒性研究[D]．北京：中国航天第二研究院，2008.

[106] WANG X, TAO Y D, SONG X Y. Mathematical model for the control of a pest population with impulsive perturbations on diseased pest[J]. Applied mathematical modeling, 2009, 33(7): 3099-3016.

[107] WANG X, TAO Y D, SONG X Y. Stability and holf bifurcation on a model for HIV infrction of $CD4^+$ T cells with delay [J]. Chaos, solutions and fractals, 2009, 42(3): 1838-1844.

[108] WANG X, TAO Y D, SONG X Y. Analysis of pulse vaccination strategy in SIRVS epidemic model[J]. Communications in nonlinear science and numerical simulation, 2009, 14(6): 2747-2756.

[109] 高研南，王辉．两个不同部件并联可修系统稳态解中 p_0 的最优控制[J]．哈尔滨师范大学自然科学学报，2008，24（2）：7-10.

[110] CHAN F T S, LAU H, IP R W L, et al. Implementation of total productive maintenance: A case study[J]. International journal of production economics, 2005, 95(1): 71-94.

[111] CHRISTER A H. Developments in delay time analysis for modelling plant maintenance[J]. Journal of the operational research society, 1999, 50(11): 1120-1137.

[112] 张友诚．德国企业中的设备管理和维修（上）[J]．中国设备工程，2001，12：50-52.

[113] TAYLOR A E, LAY D C. Introduction to function analysis[M]. Hoboken:John Wiley & sons, 1980.

[114] 卢同善．泛函分析基础及应用[M]．青岛：青岛海洋大学出版社，1997.

[115] ARENDT W, GRABOSCH A, GREINER G, et al. One-parameter semigroups of positive operators [M]. New York: Springer verlag, 1986.

[116] CLÉMENT P H, HEIJMANS H J A M, ANGENENT S, et al. One-parameter semigroups [M]. Amsterdam: Elsevier science publishers, 1987.

[117] DUNFORD N，SCHWARTZ J T. Linear Operators Part I [M]. Hoboken: John Wiley & sons, 1957.

[118] 夏道行，严绍宗，舒五昌，等．泛函分析第二教程[M]．2 版．北京：高等教育出版社，2008.

[119] 程云鹏，张凯院，徐仲．矩阵论[M]．3 版．西安：西北工业大学出版社，2006.

[120] 陈景良，陈向辉．特殊矩阵[M]．北京：清华大学出版社，2001.

[121] YAMASHIRO M. A repairable system with N failure modes and one standby unit [J]. Microelectronics reliability, 1980, 20(6): 831-835.

[122] CINLAR E. Introduction to stochastic process[M]. Prentice-Hall,Inc., 1975.

[123] 曹晋华，程侃．可靠性数学引论（修订版）[M]．北京：高等教育出版社，2006.

[124] 胡涛，杨春辉，杨建军．多阶段任务系统可靠性与冗余优化设计[M]．北京：国防工业出版社，2012.

[125] CHUNG K L. Markov chians with stationary transition probabilities [M]. Berlin: Springer verlag, 1960.

[126] KELLA O. The threshold policy in the M/G/1 queue with server vacations [J]. Naval research logistics, 1989, 36(1): 111-123.

[127] 陈传璋，侯宗义，李明志．积分方程论及其应用[M]．上海：上海科学技术出版社，1987.

[128] 郭卫华．一类两个相同部件并联可修系统解的存在性和唯一性[J]．数学的实践与认识，2002，32（4）：632-634.

[129] ADAMS R A. Sololev spaces [M]. New York: Academic press , 1975.

[130] GURTIN M E, MACCAMY R C. Nonlinear age-dependent population dynamics [J]. Archive for rational mechanics and analysis, 1974, 54(3): 281-300.